江苏省文化产业引导资金文化艺术精品项目
江苏省"十三五"重点图书出版规划项目

南印度印度教

神庙建筑

汪永平 孙晨蕾 著

Hinduism Architecture of South India

Himalayan Series of Urban and Architectural Culture

行走在喜马拉雅的云水间

序

2015 年正值南京工业大学建筑学院（原南京建筑工程学院建筑系）成立三十周年，我作为学院的创始人，在 10 月举办的办学三十周年庆典和学术报告会上，汇报了自己和团队自 1999 年以来走进西藏、2011 年走进印度，围绕喜马拉雅山脉 17 年以来所做的研究。研究成果的体现，便是这套"喜马拉雅城市与建筑文化遗产丛书"问世。

出版这套丛书（第一辑 15 册）是笔者和学生们多年的宿愿。17 年来我们未曾间断，前后百余人，30 多次进入西藏调研，7 次进入印度，3 次进入尼泊尔，在喜马拉雅山脉相连的青藏高原、克什米尔谷地、拉达克列城、加德满都谷地都留下了考察的足迹。研究的内容和范围涉及城市和村落、文化景观、宗教建筑、传统民居、建筑材料与技术等与文化遗产相关的领域，完成了 50 篇硕士学位论文和 4 篇博士学位论文，填补了国内在喜马拉雅文化遗产保护研究上的空白，并将藏学研究和喜马拉雅学的研究结合起来。研究揭

示了喜马拉雅山脉不仅是我们这一星球上的世界第三极，具有地理坐标和地质学的重要意义，而且在人类的文明发展史和文化史上具有同样重要的价值。

喜马拉雅山脉东西长 2 500 公里，南北纵深 300~400 公里，西北在兴都库什山脉和喀喇昆仑山脉交界，东至南迦巴瓦峰雅鲁藏布大拐弯处。在喜马拉雅山脉的南部，位于南亚次大陆的印度主要由三个地理区域组成：北部喜马拉雅山区的高山区、中部的恒河平原以及南部的德干高原。这三个区域也就成为印度文明的大致分野，早期有许多重要的文明发迹于此。中国学者对此有着准确的描述，唐代著名学者道宣（596—667）在《释迦方志》中指出："雪山以南名为中国，坦然平正，冬夏和调，卉木常荣，流霜不降。"其中"雪山"指的便是喜马拉雅山脉，"中国"指的是"中天竺国"，即印度的母亲河恒河中游地区。

季羡林先生把古代世界文化体系分为中国、印度、希腊和伊斯兰四大文化，喜马拉雅地区汇聚了世界上

四大文化的精华。自古以来，喜马拉雅不仅是多民族的地区，也是多宗教的地区，包括了苯教、印度教、佛教、耆那教、伊斯兰教以及锡克教、拜火教。起源于印度的佛教如今在印度的影响力已经不大，但佛教通过传播对印度周边的国家产生了相当大的影响。在中国直接受到的外来文化的影响中，最明显的莫过于以佛教为媒介的印度文化和希腊化的犍陀罗文化。对于这些文化，如不跨越国界加以宏观、大系统考察，即无从正确认识。所以研究喜马拉雅文化是中国东方文化研究达到一定阶段时必然提出的问题。

从东晋时法显游历印度并著书《佛国记》开始，中国人对印度的研究有着清晰的历史脉络，并且世代传承。唐代玄奘求学印度并著书《大唐西域记》；义净著书《大唐西域求法高僧传》和《南海寄归内法传》；明代郑和下西洋，其随从著书《瀛涯胜览》《星槎胜览》《西洋番国志》，对于当时印度国家与城市都有详细真实的描述。进入20世纪后，中国人继续研究印度。

蔡元培在北京大学任校长期间，曾设"印度哲学课"。胡适任校长后，又增设东方语言文学系，最早设立梵文、巴利文专业（50年代又增加印度斯坦语），由季羡林和金克木执教。除了季羡林和金克木，汤用彤也是印度哲学研究的专家。这些学者对《法显传》《大唐西域记》《大唐西域求法高僧传》和《南海寄归内法传》进行校注出版，加入了近代学者科学考察和研究的新内容，在印度哲学、文学、语言文化、历史、地理等领域多有建树。在中国，研究印度建筑的倡始者是著名建筑学家刘敦桢先生，他曾于1959年初率我国文化代表团访问印度，参观了阿旃陀石窟寺等多处佛教遗址。回国后当年招收印度建筑史研究生一人，并亲自讲授印度建筑史课，这在国内还是独一无二的创举。1963年刘敦桢先生66岁，除了完成《中国古代建筑史》书稿的修改，还指导研究生对印度古代建筑进行研究并系统授课，留下了授课笔记和讲稿，并在《刘敦桢文集》中留下《访问印度日记》一文。可惜 1962 年中印关系恶化，以致影响了向印度派遣留学生的计划，随后不久的"十年动乱"，更使这一研究被搁置起来。由于历史的原因，近代中国印度文化研究的专家、学者难以跨越喜马拉雅障碍进入实地调研，把青藏高原的研究和喜马拉雅的研究结合起来。

意大利著名学者朱塞佩·图齐（1894—1984）是西方对于喜马拉雅地区文化探索的先驱。1925—1930 年，他在印度国际大学和加尔各答大学教授意大利语、汉语和藏语；1928—1948 年，图齐八次赴藏地考察，他的前五次（1928、1930、1931、1933、1935）藏地考察均从喜马拉雅山脉的西部，今天克什米尔的斯利那加（前三次）、西姆拉（1933）、阿尔莫拉（1935）动身，沿着河流和山谷东行，即古代的中印佛教传播和商旅之路。他首次发现了拉达克森格藏布河（上游在中国境内叫狮泉河，下游在印度和巴基斯坦叫印度河）河谷的阿契寺、斯必提河谷（印度喜马偕尔邦）的塔波寺（西藏藏佛教后弘期重要寺庙，

两处寺庙已经列入《世界文化遗产名录》），还考察了托林寺、玛朗寺和科迦寺的建筑与壁画，考察的成果便是《梵天佛地》著作的第一、二、三卷。正是这些著作奠定了图齐研究藏族艺术和藏传佛教史的基础。后三次（1937、1939、1948）的藏地考察是从喜马拉雅中部开始，注意力转向卫藏。1925—1954 年，图齐六次调查尼泊尔，拓展了在大喜马拉雅地区的活动，揭开了已湮没的王国和文化的神秘面纱，其中印度和藏地的邂逅是最重要的主题。1955—1978 年，他在巴基斯坦北部的喜马拉雅山麓，古代称之为乌仗那的斯瓦特地区开展考古发掘，期间组织了在阿富汗和伊朗的考古发掘。他的一生学术成果斐然，成为公认的最杰出的藏学家。

图齐的研究不仅涉及佛教，在印度、中国、日本的宗教哲学研究方面也颇有建树。他先后出版了《中国古代哲学史》和《印度哲学史》，真正做到"跨越喜马拉雅、扬帆印度洋"，将中印文化的研究结合起来。

终其一生，他的研究都未离开喜马拉雅山脉和区域文化。继图齐之后，国际上对于喜马拉雅的关注，不仅仅局限于旅游、登山和摄影爱好者，研究成果也未囿于藏传佛教，这一地区的原始宗教文化艺术，包括印度教、耆那教、伊斯兰教甚至本教都得到发掘。笔者手头上就有近几年收集的英文版喜马拉雅艺术、城市与村落、建筑与环境、民俗文化等多种书籍，其中有专家、学者更提出了"喜马拉雅学"的概念。

长期以来，沿着青藏高原和喜马拉雅旅行（借用藏民的形象语言"转山"）时，笔者产生了一个大胆的想法，将未来中印文化研究的结合点和突破口选择在喜马拉雅区域，建立"喜马拉雅学"，以拓展藏学、印度学、中亚学的研究范围和内容，用跨文化的视野来诠释历史事件、宗教文化、艺术源流，实现中印间的文化交流和互补。"喜马拉雅学"包含了众多学科和领域，如：喜马拉雅地域特征——世界第三极；喜马拉雅文化特征——多元性和原创性；喜马拉雅生态特征——多样性等等。

笔者认为喜马拉雅西部，历史上"罽宾国"（今天的克什米尔地区）的文化现象值得借鉴和研究。喜马拉雅西部地区，历史上的象雄和后来的"阿里三围"，是一个多元文化融合地区，也是西藏与希腊化的犍陀罗文化、克什米尔文化交流的窗口。罽宾国是魏晋南北朝时期对克什米尔谷地及其附近地区的称谓，在《大唐西域记》中被称为"迦湿弥罗"，位于喜马拉雅山的西部，四面高山险峻，地形如卵状。在阿育王时期佛教传入克什米尔谷地，随着西南方犍陀罗佛教的兴盛，克什米尔地区的佛教渐渐达到繁盛点。公元前1世纪时，罽宾的佛教已极为兴盛，其重要的标志是迦腻色迦（Kanishka）王在这里举行的第四次结集。4世纪初，罽宾与葱岭东部的贸易和文化交流日趋频繁，谷地的佛教中心地位愈加显著，许多罽宾高僧翻越葱岭，穿过流沙，往东土弘扬佛法。与此同时，西域和中土的沙门也前往罽宾求经学法，如龟兹国高僧佛图澄不止一次前往罽宾学习，中土则有法显、智猛、法勇、玄奘、悟空等僧人到罽宾求法。

如今中印关系改善，且两国官方与民间的经济、文化合作与交流都更加频繁，两国形成互惠互利、共同发展的朋友关系，印度对外开放旅游业，中国人去印度考察调研不再有任何政治阻碍。更可喜的是，近年我国愈加重视"丝绸之路"文化重建与跨文化交流，提出建设"新丝绸之路经济带"和"21世纪海上丝绸之路"的战略构想。"一带一路"倡议顺应了时代要求和各国加快发展的愿望，提供了一个包容性巨大的发展平台，把快速发展的中国经济同沿线国家的利益结合起来。而位于"一带一路"中的喜马拉雅地区，必将在新的发展机遇中起到中印之间的文化桥梁和经济纽带作用。

最后以一首小诗作为前言的结束：

我们为什么要去喜马拉雅？

因为山就在那里。
我们为什么要去印度？
因为那里是玄奘去过的地方，
那里有玄奘引以为荣耀的大学
——那烂陀。

行走在喜马拉雅的云水间，
不再是我们的梦想。
边走边看，边看边想；
不识雪山真面目，只缘行在此山中。

经历是人生的一种幸福，
事业成就自己的理想。
慧眼看世界，视野更加宽广。
喜马拉雅，
不再是阻隔中印文化的障碍，
她是一带一路的桥梁。

在本套丛书即将出版之际，首先感谢多年来跟随笔者不辞辛苦进入青藏高原和喜马拉雅区域做调研的本科生和研究生；感谢国家自然科学基金委的立项资助；感谢西藏自治区地方政府的支持，尤其是文物部门与我们的长期业务合作；感谢江苏省文化产业引导资金的立项资助。最后向东南大学出版社戴丽副社长和魏晓平编辑致以个人的谢意和敬意，正是她们长期的不懈坚持和精心编校使得本书能够以一个充满文化气息的新面目和跨文化的新内容出现在读者面前。

主编汪永平

2016 年 4 月 14 日形成于乌兹别克斯坦首都塔什干 Sunrise Caravan Stay 一家小旅馆庭院的树荫下，正值对撒马尔罕古城、沙赫里萨布兹古城、布哈拉、希瓦（中亚四处重要世界文化遗产）考察归来。修改于 2016 年 7 月 13 日南京家中。

Himalayan
Series of
Urban and Architectural
Culture

南印度印度教 神庙建筑
Hinduism Architecture of South India

目 录
CONTENTS

喜马拉雅

城市与建筑文化遗产丛书

导言

南印度自古以来就是古老的达罗毗荼文化发展的中心。达罗毗荼人（Dravidian）是古印度的土著居民，在早期吠陀时代雅利安人（Aryan）入侵以后，他们一部分散布于北方，另一部分则退居到印度南部半岛。这些退居于南方的达罗毗荼人在南印度发展了自己的农耕文化，创造了属于南方式的华丽细腻而又纯粹的印度文化。

（1）历史发展特点

印度是一个历史悠久的文明古国，大约在公元前2500年就诞生了伟大的印度河流域文明——哈拉帕文明，成为古印度历史的伟大开端。南印度作为南亚次大陆南端的半岛，自然也是古老的印度文明不可分割的一部分，然而，由于其独特的地理位置，南印度在数千年的历史中经历了与北部不同的发展进程。南印度北部的温迪亚（Vindhya）山脉、萨特普拉（Satpura）山脉成了南、北印度的大致分界线，得益于山地交通的局限性，山脉以南的德干高原（Deccan Plateau）地区很少受到来自印度北部势力的侵扰，因而在社会发展过程中保持着其自身的独特性。回首南印度过往的历史，通常在一个时间段内南印度由不同的王国所统治，而在这些王国中，往往由几个主要的大国占统治地位。它们彼此竞争又彼此合作，其他一些地方小国常常作为封地而存在。在某些强大的王国的统治下，其所管辖的地域一度延伸至整个南亚，甚至东南亚地区，因而与南印度相邻的斯里兰卡等地区受到了印度的宗教文化及其建筑风格的影响。尽管中世纪后期北印度处于穆斯林的控制之下，然而南印度

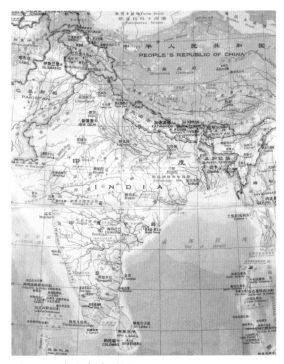

图 0-1　南印度地形图

除了与德干地区相邻的部分地区被穆斯林掌控外，其他远南地区仍然是印度教的庇护之地。但是，随着最后的印度教王国的衰落，南印度也无可避免地被穆斯林所控制。18世纪中叶，大英帝国开始向南亚大肆扩张势力，南印度最终也走向殖民化的道路，成为英国的殖民地。

（2）人文地理环境

南印度覆盖了如今印度共和国南部的安得拉邦（Andhra Pradesh）、卡纳塔克邦（Karnataka）、喀拉拉邦（Kerala）、泰米尔纳德邦（Tamil Nadu）、特仑甘纳邦（Telangana）五大邦以及拉克沙群岛（Lakshadweep）和本地治里（Puducherry）两个联邦属地组成的范围，其领域占据了整个印度面积的19.31%（图0-1、图0-2）。特仑甘纳邦原属于安得拉邦，于2014年6月正式与安得拉邦分离。京奈、班加罗尔、海德拉巴、哥印拜陀以及科钦是南印度最大的工业化城市，京奈素有"南印度之门"的称号，是印度的商业大都市之一。印度国歌《人民的意志》中的一句歌词"以至达罗毗荼"，就是指代印度南端的这个半岛。

南印度位于德干高原南部，西临阿拉伯海岸，南面由印度洋围绕，东面紧临孟加拉湾。南印度的地形多样，它的东西两面分别被东高止（Eastern Ghats）山脉与西高止（Western Ghats）山脉相包夹，北部又由温迪亚山脉、萨特普拉山脉将印度北部隔离，中心为高原地带。另外，南印度领域的戈达瓦里河（Godavari River）、克里希那河（Krishna River）、栋格珀德拉河（Tungabhadra River）以及盖韦里河（Kaveri River）都沿东西向分布，这些河流是南印度地区重要的水资源。南印度具有非常典型的季风性气候，来自西南方向的季风导致南印度在6月至10月期间有较多的降雨

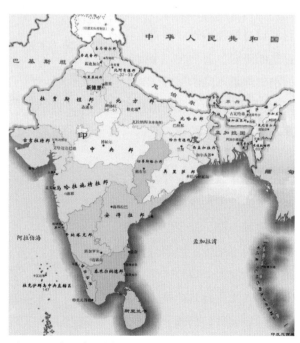

图0-2 南印度区划图

量，而在 11 月到来年 2 月期间又常常受到东向季风雨的影响。

南印度的主要族群为身形矮小、皮肤黝黑的达罗毗荼土著人，还有一些少量的非定居人口。在印度这个号称"宗教博物馆"的国家，印度教是社会的主流宗教，其信仰人数最多，大约占南印度人口的 80%，伊斯兰教（Islam）是南印度的第二大宗教，其信仰人口数大约达到 11%，其次为基督教（Christianity），信仰人数达 8%。此外，也有一些其他宗教团体，如耆那教（Jainism），信仰人数较少。基督教信徒主要分布在南印度西部沿海地带的喀拉拉邦地区，是南印度甚至整个印度各邦中基督教徒最多的地区。南印度的语言主要包括达罗毗荼语系（Dravidian）以及澳亚语系（Austroasiatiques）这两种体系，其中达罗毗荼语系是南印度人民常用的语系，包括了泰卢固语（Telugu）、泰米尔语（Tamil）、卡纳达语（Kannada）、马拉雅拉姆语（Malayalam）、图鲁语（Tulu）以及其他一些地方性的方言。

第一章　南印度历史、宗教及其建筑概况

南印度、德干高原与北印度之间被温迪亚山脉、萨特普拉山脉相隔离，此外再加上纳尔马达河（Narmada River）以及达布蒂河（Tapti River）作为屏障，使得南印度自古就有着自己的历史，来自北部地区的诸多战争都遭受了南印度的强烈反抗。贯穿于南印度历史的宗教文化以及随之产生的宗教建筑都是南印度社会的重要组成部分，如今遍及各地的气势恢宏的神庙建筑更见证了南印度与众不同、绚丽多彩的文化与艺术成就。

第一节　南印度历史沿革

根据南印度的史前发现得知，南印度的早期历史在一定程度上受到临近沿海东南地区历史发展的影响，在这些沿海平原地区，稳定的农业发展使该地区受到许多入侵者的觊觎。为了防止觊觎者的入侵，产生了社会分化以及政治组织，在此基础上，出现了地方王国的兴起。

1. 古代时期

在印度古代，来自北印度的后期吠陀文化对南印度产生了重要的影响，尽管如此，"远南"地区仍然比较封闭，维持着自己的发展模式。公元前 3 世纪，南印度与印度第一个伟大的帝国——孔雀王朝（Maura Dynasty）有了接触，这对南印度政治的发展起到了巨大的推动作用，一些南印度部落的统治者开始了解到新的管理模式以及国家形成的状况 [1]。与此同时，与北印度之间的贸易往来为南印度带来了一些新的信息，而佛教与耆那教信徒的陆续迁入又带来了北方的僧侣制度，这些对于南印度早期国家的政治结构具有重要意义。

古代时期的南印度主要由萨塔瓦哈那（Satavahana）、朱罗（Chola）、潘迪亚（Pandya）以及哲罗（Chera）王朝这四大部落邦国所统治。萨塔瓦哈那王朝由统治者萨塔卡尼一世（Satakarni I）建立于公元前 1 世纪，也称为安达罗王朝（Andhars Dynasty）[2]，早期位于靠近温迪亚山脉的印度中部地区。在瓦斯什西普特拉（Vasishthiputra）统治时期，其领域扩展到了南印度安达罗（Andhars）地区，

1　[德]赫尔曼·库尔克，迪特马尔·罗特蒙特.印度史[M].王立新，周红江，译.北京：中国青年出版社，2008.

2　[印度]恩·克·辛哈，阿·克·班纳吉.印度通史[M].张若达，冯金辛，等译.北京：商务印书馆，1973.

在该王朝统治末期，阿马拉瓦蒂（A maravati）成为该王朝的都城，并且是佛教艺术繁荣发展的中心。大约在公元3世纪，萨塔瓦哈那王朝逐渐走向衰落，德干中部的马拉特瓦达（Marathwada）地区为阿布希拉人（Abhlrss）所占领，而南部的安达罗地区由后来短暂的伊克什瓦库（Ikshvaku）王朝所统治。朱罗、潘迪亚以及哲罗三个部落邦国主导着南印度"远南"地区的历史，它们之间往往也伴随着激烈的战争。大约在公元3世纪，在朱罗王国的统治地区兴起了一个新的政权——帕拉瓦王国，都城位于印度南部的建志补罗（Kaschipura），现南印度泰米尔纳德邦的甘吉布勒姆（Kanchipuram）。然而，在公元4世纪左右，南印度的一支山地部落卡拉波拉人（Kalabhras）入侵了"远南"地区，致使三大邦国的发展中断了大约两个世纪。

此外，南印度繁荣的对外贸易尤其与罗马的贸易是其古代历史的一个重要方面。南印度西临阿拉伯海，东沿孟加拉湾，东西海岸沿线分布着多个重要的港口。《航行记》中的记载表明，位于马拉巴尔海岸的姆兹利斯（Muziris）港口曾是南印度与罗马贸易的密集之地[1]。对外贸易的繁荣为南印度输入了大量的金币，带来了巨大的财富，为其政治以及文化的发展奠定了稳定的物质基础。

2. 中世纪早期

南印度中世纪早期的历史表现为几个主要的地方王国相互竞争霸权的历史，它们彼此竞争，然而无论哪一方都无法获得对南印度整个霸权的统治。尽管在政治方面与北印度的战争主要集中在南印度北部及德干地区，然而在文化方面，6世纪兴起于南端泰米尔纳德邦的巴克提运动却对北印度产生了重要的影响，为印度教注入了一种全新的观念。

南印度北部地区由早期遮娄其王朝（Early Chalukya Dynasty）、东遮娄其王朝（Eastern Chalukya Dynasty）、拉什特拉库塔王朝（Rashtrakuta Dynasty）以及后期遮娄其王朝（Late Chalukya Dynasty）四大主要的政权统治。在北部卡纳塔克南部的山地地区，5世纪出现的西恒伽王朝（Western Ganga Dynasty）以及12世纪出现的霍伊萨拉王朝（Hoysala Dynasty）两个次要的政权也统治了一段较长的时间，而在安得拉邦与特伦甘纳邦地区，短暂的卡卡提亚王朝（Kakatiya Dynasty）的统

1　［德］赫尔曼·库尔克，迪特马尔·罗特蒙特.印度史[M].王立新，周红江，译.北京：中国青年出版社，2008.

治仅持续了大约 240 年。

（1）早期遮娄其王朝

遮娄其的统治者早期是 4 世纪左右统治德干地区卡达姆巴（Kadamba）王朝的臣属，大约在公元 543 年，遮娄其人在补罗稽舍一世（Pulakeshi I，543—566），的带领下在德干高原西南部的克里希那河上游崛起，建立了早期遮娄其王朝（543—757），都城位于瓦达比（Vatapi，现巴达米 Badami）。早期遮娄其王朝向北征服了马哈施拉特拉地区的王国统治，向南又与帕拉瓦王朝争夺南印度的统治。统治者补罗稽舍二世曾经击退了北印度戒日王的侵袭，而且在与帕拉瓦国王马赫多拉瓦尔曼一世（Mahendravarman I）的战争中获得了胜利，率领大军直捣其都城甘吉布勒姆，同邻国之间的战争在一定程度上促进了建筑与文化方面的交流。

（2）东遮娄其王朝

东遮娄其王朝的建立者毗湿奴筏驮那（Vishnuvardhana）最初是早期遮娄其王国的总督，在补罗稽舍二世向德干东部扩展后夺得安得拉邦沿海地区的大片领域后，于 621 年任命其兄弟毗湿奴筏驮那为这片领域的总督。然而在 642 年补罗稽舍二世逝世后，毗湿奴筏驮那宣布独立，建立了东遮娄其王朝（Eastern Chalukya Dynasty），以位于安得拉邦的文耆（Vengi）为都城。东遮娄其王国在 8 世纪后曾臣服于西部拉什特拉库塔王国的统治，而在后期都城文耆又常成为朱罗王国与后期遮娄其王国战争的争夺地，最终在 11 世纪下半叶被朱罗王国兼并，其统治持续了近 500 年。

（3）拉什特拉库塔王朝

拉什特拉库塔王朝在南印度的统治并不持久，大约维持了两个多世纪。其建立者丹蒂德尔伽在公元 8 世纪中叶击败了早期遮娄其的国王，并战胜了同时期的其他统治者，建立了称霸德干的政权。在国王克里希那三世统治时期，其疆土一直扩展到了"远南"地区。克里希那三世是一位杰出的统治者，不仅挫败了朱罗王国以及潘迪亚王国，甚至连锡兰国王（今斯里兰卡）也成为其臣属。大约在公元 968 年之后，拉什特拉库塔王朝在克里希那三世继承者软弱的统治下逐渐走向衰败，最终其政权由后期遮娄其人占领。

（4）后期遮娄其王朝

大约在公元 973 年，自诩是早期遮娄其王朝后代的泰拉二世（Taila II），击败了拉施特拉库塔王朝的末代统治者卡尔卡二世（Karkka II），重新建立了遮娄其王朝的霸权地位，这一时期称为后期遮娄其王朝（973—1200）[1]。该王朝定都于卡利亚尼（Kalyani），位于卡纳塔克邦中部栋格珀德拉河（Tungabhadra River）的附近。这里与克里希那河上游之间建造了大量印度教神庙，至今还保留着一百多座。

在东南沿海地区，帕拉瓦、朱罗以及潘迪亚王朝仍然是"远南"地区的政治权力中心，尽管在10世纪中期拉什特拉库塔王朝的克里希那三世征服了这一地区，然而在10世纪末随着拉什特拉库塔王朝的权利被篡夺，这些王朝又得以在南方重整山河[2]。

① 帕拉瓦王朝

早期的帕拉瓦王朝历史比较模糊，在6世纪后期，统治者辛哈毗湿奴（Simhavishnu）大力扩展疆土，使其成为南印度一个强有力的统治王朝。辛哈毗湿奴的继承者马赫多拉瓦尔曼一世（Mahendravarman I）在位时曾遭受早期遮娄其国王补罗稽舍二世的侵略，而其子那罗辛哈瓦尔曼一世（Narasimhavarman I）是帕拉瓦王朝最杰出伟大的统治者，在6世纪中叶，他击败了早期遮娄其人，并且派遣远征军占领了锡兰，使得帕拉瓦王朝成为南印度出色的强国。在其统治期间，中国僧人玄奘曾拜访都城甘吉布勒姆，并且记载道："该地土地肥沃，庄稼丰盛。多花果及宝物，其人高尚博识"[3]。后期帕拉瓦王朝与邻国存在较多的战争，直至最后一位统治者被朱罗王国的阿迭多一世所击败。然而一些地方上的酋长仍然作为统治者而存在，一直延续至13世纪。

最初帕拉瓦人推崇佛教，但是大约在5世纪开始推崇婆罗门教，此时佛教依然得到统治者的支持。其首位统治者辛哈毗湿奴是毗湿奴教徒，然而统治者马赫多拉瓦尔曼一世尽管最初信奉耆那教，但是在受到巴克提圣人阿巴尔（Appar）的影响下开始崇拜湿婆，此后湿婆崇拜开始在帕拉瓦时期盛行。此外，正如史密斯所描述的那样，南印度的建筑与雕刻艺术正是在帕拉瓦时代开始的，帕拉瓦人既开

1　王镛.印度美术[M].北京：中国人民大学出版社，2010.

2　[德]赫尔曼·库尔克，迪特马尔·罗特蒙特.印度史[M].王立新，周红江，译.北京：中国青年出版社，2008.

3　[印度]恩·克·辛哈，阿·克·班纳吉.印度通史[M].张若达，冯金辛，等译.北京：商务印书馆，1973.

凿了石窟神庙，又发展了南方式神庙建筑的形制，成为南印度达罗毗荼式神庙建筑的开创者。

②朱罗王朝

朱罗王朝在经历了早期的衰退之后大约于公元9世纪在印度次大陆的南部崛起，此时帕拉瓦王朝由于与拉什特拉库塔王朝的战争而衰落，作为帕拉瓦纳贡王公的朱罗王国逐渐恢复了独立。首位国王维杰耶拉亚（Vijayalaya）占领坦贾武尔（Tanjore）后，将此处设立为都城，统治着南印度盖韦里河一带的大片领域。在国王罗阇罗阇一世（Rajaraja I）时期，他击败了潘迪亚王国以及哲罗王国，甚至占领了斯里兰卡，使朱罗王国成为南印度最强大的王国。他的继承者拉金德拉一世（Rajendra I）同样骁勇善战，在占领了后期遮娄其王国的都城之后，于1022年至1023年期间向恒河三角洲继续前进，这次战争的胜利使得他成为"征服恒河的朱罗人"，并且还建立了一座新都城——冈戈昆达布勒姆布（Gangaikondacholapuram），以此来纪念此次军事上的胜利[1]，并且在附近开凿了一个巨大的人工湖，盛放运来的恒河圣水。朱罗王朝的政权在13世纪下半叶开始衰落，然而，在其复兴后的四个多世纪期间，这个信奉湿婆教的强大王国一直致力于印度教神庙的建造，将南印度的印度教神庙建筑的发展推向了高潮。

朱罗王国的海上实力十分强大，其控制了印度的西南海岸以及恒河口的几乎整个东部沿海地带，这些重要的沿海航线的掌控为海外贸易的发展提供了稳定的支撑。同时，朱罗王国注重与南亚其他国家建立良好的外交关系，其中包括古代中国。同各国外交关系的发展为朱罗人提供了发展海外贸易的有效平台，这些商人建立了自己的行会以及独立机构，他们也支持地方上的项目建造以及神庙建筑的兴建，因而获得了统治者的支持。繁荣的海外贸易同时也在一定程度上提高了朱罗王朝在海外的文化影响。

③潘迪亚王朝

潘迪亚王朝存在较早，大约在6至7世纪开始了伟大事业的发展。在9世纪左右，潘迪亚的领域被朱罗王国所占领，直至13世纪左右朱罗王朝的势力趋于衰落时，潘迪亚王朝才赢得取而代之的机会。13世纪下半叶，随着朱罗王朝的彻

1　[德] 赫尔曼·库尔克，迪特马尔·罗特蒙特.印度史[M].王立新，周红江，译.北京：中国青年出版社，2008.

底覆灭，潘迪亚人恢复了自己的权力。潘迪亚王朝（1251—1350）在查太伐摩·孙达罗（Jatavarman Sundara）统治时期发展到了顶峰，他击败了朱罗的政治威严，占领了建制，连哲罗王国以及南部的斯里兰卡也成为其附庸国存在。此时的潘迪亚王国已成为南印度重要的大国，统治着南印度的大部分地区，都城位于泰米尔纳德邦的马杜赖（Madurai）。这座坐落于南印度韦拉伊河（Vaigai River）畔的古都，不仅是印度教的圣地，更是古老的泰米尔文化发展的中心。

3. 中世纪晚期

中世纪晚期北印度已处于穆斯林的掌控之下，然而穆斯林对于南印度的入侵则明显晚于北印度，正如《菲洛兹王朝史》叙述的那样，穆斯林对于南方的大象以及财宝十分觊觎，出于如此急切的渴望，在1309年，阿拉-乌德-丁（Ala-ud-din）开始向南印度发起进攻[1]。首次的进攻并不顺利，但后期在大将马利克·卡福尔（Malik Kafur）的协助下夺得了安得拉邦的部分领域。此后该领域又宣布独立，阿拉-乌德-丁的继承人穆罕默德·宾·图格鲁克向南吞并了大部分领域，其政权扩张可能远至马杜赖。直到其都城的迁移使其失去了对北印度的控制而返回德里时，南印度的地区王国又宣布独立。其中比较重要的是统治德干及南印度北部的巴马尼（Bhamani）苏丹国以及统治南印度大部分地区的维查耶纳伽尔王朝（Vijayanagara Dynasty）。

（1）巴马尼苏丹国

1345年，穆罕默德·宾·图格鲁克返回德里，而其都城道拉塔巴德（Daulatabad）被扎法尔·汗（Zafar Khan）所占领，正是这位苏丹于1347年宣布独立，建立了巴马尼苏丹国，其都城先后迁至卡纳塔克北部的古尔伯加（Gulbaga）以及比达尔（Bidar）。这个苏丹国的统治几乎维持了两个世纪，最终四个重要的行省宣布独立，然而，它们在后期又臣服于莫卧儿帝国。尽管后来的印度教学者强调苏丹国对于印度教王国的破坏，但是它们留下的伊斯兰建筑与艺术文化却是震撼人心的，在现今的南印度北部地区，我们依然可以欣赏到浓郁的伊斯兰风情。

（2）维查耶纳伽尔王朝

维查耶纳伽尔王朝由哈利哈拉（Harihara）和布卡（Bukka）两位反抗德里

---

1 ［德］赫尔曼·库尔克，迪特马尔·罗特蒙特.印度史[M].王立新，周红江，译.北京：中国青年出版社，2008.

苏丹政权的主力建成，都城位于栋格珀德拉河南部的一座要塞城市亨比，当时称为维查耶纳伽尔，意即胜利之城。在统治者克里希那提婆·拉亚（Krishnadeva Raya，1509—1529）时期帝国的发展达到了顶峰，其领土北至德干高原，南达科林摩角（Cape Comorin），西起阿拉伯海，东至孟加拉湾，使之成为南印度实力最强大的印度教帝国。维查耶纳伽尔王朝的历代统治者都推崇毗湿奴教，兴建了许多印度教神庙，因而在当时穆斯林统治北印度与德干大部分地区的背景下，南印度成为保护印度教文化的坚固堡垒。

然而，1565 年塔利库塔（Talikota）战争的失败使得这座巨大的帝国都城遭受了德里苏丹国联盟军的强力洗劫，帝国从此走向瓦解，当时的总督纳亚卡在泰米尔纳德地区拥兵自立建立了印度教王国，称为纳亚卡王朝（Nayaka Dynasty，1565—1700）。

在塔利库塔战争后，提鲁马拉以及他的后人在南部仍然统治了一段时间。1568 年，末代王朝的国王也臣服于穆斯林脚下，这标志着南印度伟大的印度教帝国从此走向了终点。此后，这些地区又处于库特布·沙希（Qutb Shahi）的统治之下。17 世纪中期，莫卧儿王朝奥朗则布（Orandze Bbu）的入侵又使其处于莫卧儿势力的控制之下，直到奥朗则布逝世后，这些地区王国又恢复了其独立的地位。

第二节　南印度宗教概况

自古以来印度就是一个宗教大国，无论是印度本土产生的印度教、佛教以及耆那教，还是外来传入的伊斯兰教、基督教等宗教，它们已深深地融入了印度社会，成为印度文化的一部分，影响着人们的生活。走进这个宗教气息浓郁的国度，我们难免会沉浸于神秘的宗教氛围之中。在众多宗教中，印度教的重要地位显而易见，其教徒遍布印度南北各地。

1. 印度教的起源与发展

印度教是印度各宗教中信仰人数最多的宗教，它并没有一个明确的创始时间以及创始人，它的形成更深地反映了印度次大陆这个古老地区的文明。其发展经历了早期吠陀时代的吠陀教（Vedic）、后期吠陀时代的婆罗门教（Brahmanism）以及沙门思潮与史书时代的新婆罗门教，最终在改革后形成成熟的印度教（Hinduism），每个阶段都有其自身的特点。印度教的形成及发展与各时期的社会环境具有密切的联系。

（1）早期吠陀时代与吠陀教

印度教起源于古印度宗教吠陀教。早期吠陀时代（约前1500—前1000），居于中亚大草原的游牧民族印度雅利安人踏上了入侵印度西北地区的征途。他们翻越伊朗高原，穿过兴都库什山口，最终到达了南亚次大陆的印度河流域。印度雅利安人与当地的土著居民达罗毗荼人一直处于持续的争斗中，最终他们凭借强大的战斗力战胜了文化与农业发展水平较高的达罗毗荼人，定居于印度河流域。随着印度雅利安人与当地达罗毗荼人的不断接触，他们在自己信仰的基础上吸收了当地达罗毗荼人的诸多信仰因素，将自己的文化与当地的文化相互融合，由此形成了吠陀教。当时出现的《梨俱吠陀》是吠陀教形成的重要标志，此后它一直是重要的理论经典。

吠陀教主要有三个特点。

其一，多神崇拜。早期吠陀时代的社会是部落社会，同其他许多原始部落崇拜自然山川类似，印度雅利安人对自然现象无法理解，认为一切自然现象都具有灵性，于是将它们拟人化、神圣化，然后再加以敬仰与崇拜。他们崇拜的神灵主要分为天界、空界与地界之神三类，这些神灵寄托着当时人们对大自然美好秩序的强烈希望。

其二，推动祭祀活动的盛行。印度雅利安人崇拜自然之神，通过祭祀的仪式来实现。他们在农业生产、战争进行前都会通过祭祀向神灵求得庇佑。在早期吠陀时代，祭司的地位逐渐得到提升，由于祭司在祭祀活动中不仅能赢得自己的威望，还能得到丰厚的馈赠品，因此他们更加推崇祭祀活动，使祭祀之风越加盛行。

其三，促进"瓦尔纳"等级制度的初步形成。"瓦尔纳"一词原指"肤色"，最初是用来区分白皮肤的印度雅利安人与黑皮肤的达罗毗荼人种。印度雅利安人在征服印度河流域后，将自己称做"雅利安瓦尔纳"，将达罗毗荼人称做"达萨瓦尔纳"。到了早期吠陀时代后期，随着社会劳动分工的发展，雅利安人内部出现了贵族与平民的分化，平民被称为"吠舍"，贵族被称为"罗舍尼亚"，之后贵族内部进一步分化为掌管祭司的贵族与掌管军事的贵族，祭祀贵族属于婆罗门瓦尔纳，居于社会的最高层，军事贵族属于刹帝利瓦尔纳，而早前的达萨瓦尔纳则改名为首陀罗瓦尔纳，居于社会的最底层，这说明瓦尔纳制度的四个等级已初步形成。

（2）后期吠陀时代与婆罗门教

后期吠陀时代（前1000—前600），原来定居于印度河流域的印度雅利安人开始逐渐向东南地区扩张，入侵恒河流域以及朱木拿河流域。经过前吠陀时代的发展，印度雅利安人已具备较强的实力，他们征服了当地的土著居民，在恒河以及朱木拿河流域定居下来。当时由于铁器得到了普遍使用，农业、手工业与工商业都发展迅速，社会经济的发展导致了社会内部分化的不断加剧，原先的氏族部落逐渐开始解体，向奴隶制国家过渡，一些奴隶制小国正式兴起。

社会经济的发展必然促进宗教文化的发展，在后期吠陀时代，出现了许多新的宗教经典，例如讲述祭祀方式的《耶柔吠陀》与《娑摩吠陀》，汇编诸多巫术的《阿达婆吠陀》，阐明祭祀意义与方法的《梵书》，探讨世界本源以及人与世界关系的《奥义书》《森林书》等，这些经典标志着婆罗门教的发展。与此同时，早期吠陀时代初步形成的瓦尔纳制度有了进一步发展，逐步转化为印度根深蒂固的种姓制度。婆罗门在宗教与社会活动中的地位独特，享有许多特权，他们此时已享有"人间之神"的称号。由于婆罗门权利与地位的大幅度提高以及大量宗教经典的出现，原来以崇拜自然为基础的吠陀教逐渐转变为以"吠陀天启、祭祀万能与婆罗门至上"为纲领的婆罗门教[1]。

婆罗门教的特征主要体现在以下三个方面。

其一，将四部吠陀本集以及《梵书》《奥义书》与《森林书》等宗教经典视做"天的启示"，宣扬它们在宗教经典中的绝对权威。对于吠陀经典中规定的一言一行，教徒们都要严格遵守。在这样一种严肃的宗教氛围下，婆罗门祭司的地位在无形中得到了提高。

其二，婆罗门教更加推行祭祀活动。此时由于各种经典的出现，婆罗门教的祭祀内容更加丰富，祭仪形式也越加复杂，规模更加庞大。作为祭祀活动的最大受益者，婆罗门祭司大力宣扬祭祀的万能，将吠陀经典作为祭祀的理论基础。尤其是梵书的出现，使祭祀之风发展到了空前的水平。

其三，婆罗门祭司在宗教与社会活动中享有至高无上的地位。婆罗门祭司作为宗教活动的主导者，通过宣扬祭祀的万能从而达到提高其地位的目的。他们甚至宣称在世界上具有最崇高来源以及最优秀天赋的就是婆罗门阶层。"世界上一

1　朱明忠. 印度教[M]. 福州：福建教育出版社，2013.

切都是婆罗门的资产，由于他们享有优越的地位与高贵的出身，因而婆罗门确实有资格拥有一切。"[1] 这种在精神上的崇高地位巩固了他们享有的特权。

（3）沙门思潮时代、史书时代的新婆罗门教

公元前6世纪左右，由于婆罗门阶层享有的特权激起了其他各阶层的强烈不满，出现了许多反对婆罗门教的思想流派，它们统称为"沙门思潮"。这些思想流派包括了佛教（Buddhism）与耆那教，它们主张思想自由以及社会平等，极其反对婆罗门阶层至高无上的特权，这种思想致使许多受压迫的低级种姓脱离婆罗门教，改投佛教与耆那教。沙门思潮以及兴起的许多宗教使婆罗门教遭受了沉重的打击，在以后相当长的一段时间内婆罗门教都处于消沉状态。

公元4世纪初，北印度在经历一百多年的分裂后建立了一个统一的王朝——笈多王朝。笈多王朝的君主都推崇婆罗门教，这使婆罗门教得到了复兴。在笈多王朝持续统治的两百多年间，婆罗门教文化发展到了空前繁荣的程度。此间出现了许多新的宗教经典，比如《摩奴法典》《那罗陀法典》《摩诃婆罗多》以及汇集各种神话故事的《往世书》等。同时，婆罗门教在自身的变革中不断吸收了佛教、耆那教等其他宗教的优点，融合了各地的民间信仰，废除了之前迂腐的教规。婆罗门教在经过长期的变革后开始转化为新型的婆罗门教，这种新婆罗门教正是后期成熟的印度教的雏形。

2. 南印度印度教的发展

早期由于印度本土文明的发展重心一直集中于北印度，因而多个世纪以来印度教的发展重心也以北印度为主。但随着公元6世纪左右异族的不断入侵，笈多王朝逐渐走向衰败，北印度分裂为多个小国，呈现出政局混乱、各国战争不断的局面。期间"戒日王时期"出现了仅有41年的短暂统治，其后北印度又处于小国相争、战事不休的局面。因而，在公元6—8世纪，印度教在北部的发展相当迟缓，几乎一直处于低迷状态，此时印度教的活动重心已逐渐向南转移至南印度。

公元6—8世纪，南印度主要由三国共同统治：以克里希那河流上游瓦达比为都城的早期遮娄其王国、往南的以马德拉斯（Madras，现名京奈 Chennai）附近的甘吉布勒姆为都城的帕拉瓦王国以及最南部的以马杜赖为都城的潘迪亚王国。这些王国在政治上局势相对稳定，经济发展也相对快速，加之各王国统治者对印

1　孙卫峰.论印度教的流变及其内涵[J].北方文学，2009（03）：36-38.

度教的极力推崇，导致这一时期印度教文化在南印度的发展十分活跃，涌现出了许多新的思想以及改革浪潮[1]。

此外，南印度较为稳定的种姓制度也为印度教的迅速发展奠定了基础。南印度一直以来就是达罗毗荼人的聚居地，是古老的达罗毗荼文化的故乡。随着北印度雅利安文化的渗透，南印度的种姓制度在其影响下也逐渐形成了，但与北印度的种姓制度有所区别。在南印度，婆罗门种姓的地位十分突出，更出现了婆罗门与非婆罗门的区分。南印度分布着大量的婆罗门村，居住在这个村中的都是纯粹的婆罗门种姓，他们通常是一个婆罗门家族集体居住，或者是几个婆罗门家族聚集而来。村里的土地通常是由王室奖赏的，部分由一些行会捐赠，因而他们拥有土地的所有权。婆罗门村的农业收入十分丰厚，因为这里的资源比较丰富，而且掌握着水利设施以及土地耕种的技术，还无需交付土地税。因此许多婆罗门村都有财富剩余，它们将剩余财富投入到对神学以及其他宗教理论的研究中，长期以往，这些婆罗门村逐渐发展为当地宗教文化交流与学习的中心。因此，当时南印度较为稳定的种姓制度，为印度教在南印度的快速发展提供了保障。

（1）商羯罗（Sankara）改革运动

在古代婆罗门教逐渐演变为新婆罗门教后，仍存在一些不成熟的方面。公元8世纪，出身于南印度的宗教改革家商羯罗对新婆罗门教在理论上以及实践上两个方面进行了改革，进一步吸收了佛教与耆那教的教义。他先后在南印度与北印度传播自己的改革观点，并且组织教团，建立寺庙。一系列改革促使新婆罗门教走向成熟，完成了向印度教的正式过渡。

商羯罗改革运动对于印度教的发展具有重要的意义，此后，印度教一直统治着印度社会。商羯罗的改革运动倡导建立僧侣社团，使得印度教结束了多年来没有统一的宗教组织的状况，这在

图 1-1　商羯罗传道

1　邱永辉. 印度教概论 [M]. 北京：社会科学文献出版社，2012.

一定程度上增强了印度教的凝聚力，并且开始了作为宗教活动场所的神庙建筑的大规模兴建（图1-1）。此外，改革后的印度教反对繁琐的祭祀仪式，倡导学习"梵我同一"的宗教理念，认为只有通过获得真正的智慧才能实现解脱。商羯罗建立的吠檀多不二论也成为印度教的权威思想体系，使得印度教的理论不断完备。

改革后的印度教特征主要体现在以下三个方面：

第一，一神论的多神崇拜。印度教万神殿中存在无以数计的神灵，然而，梵是所有神灵中最高的存在。梵并不表现为任何形式，是梵天（Brahma）、毗湿奴（Vishnu）以及湿婆（Shiva）三神一体的最高存在。三大主神是印度教信徒最主要的崇拜对象，同时他们又存在着多种化身，并且也受到信徒的崇拜。因此，无论是三大主神，还是他们各自的化身，都是印度教信徒崇拜的对象，但是这些神灵又是天神梵的不同表现方面。这种一神论的崇拜中往往体现着多神论的色彩[1]。

第二，宗教礼仪占据重要地位。虽然印度教已不再强调祭祀万能，但是印度教在礼仪崇拜上较其他宗教而言仍然十分严格。印度教将礼仪视为一个人生活与灵魂的一部分，不可或缺。一个人从出生开始共要历经12种礼仪，其繁复程度显而易见。

第三，种姓制度更加完善。此时的种姓制度，除了原来的四个阶层外，还增加了贱民与不可接触者两个阶层，他们居于社会的最底层，过着水深火热的生活。各阶层之间划有清晰的界限，不可逾越。印度教的种姓制度较婆罗门教时期而言，其体系更加完善与稳定。

（2）虔信派改革运动

① 虔信派改革运动的思想基础

公元6—7世纪，南印度的印度教发展十分活跃，出现了许多新的思想学说。当时在南部泰米尔地区出现了两个派别的泰米尔游方僧，分别为崇信毗湿奴的"阿尔瓦尔派"（Alvars）与崇信湿婆的"那衍纳尔派"（Nayanars）[2]。他们用泰米尔语编写了许多诗歌，由于这些诗歌通俗易懂，因而在民间广为流传，在民众中产生了很大的影响。这些游方僧常年离家出行，四处传播宗教思想，他们推崇虔诚崇信的思想理论，认为任何印度教徒都不必要被繁琐复杂的祭祀仪式所束缚，也

1　孙卫峰.论印度教的流变及其内涵[J].北方文学，2009（03）：36-38.
2　朱明忠.印度教[M].福州：福建教育出版社，2013.

不必学习高深玄妙的宗教理论，只要在心里对神充满虔诚的信仰，有一颗虔诚之心，就能够获得神灵的恩泽，并且获得解脱。这种虔诚崇信的思想理论在南印度得到了广泛传播，为后来发端于南印度的印度教改革发展奠定了思想基础。

此外，出生于南印度马德拉斯的罗摩奴阇（Ramanuja）是虔信派改革运动的奠基者。他在吠檀多哲学的基础上融合了虔信思想，创立了一种新理论——吠檀多限制不二论，这种理论主张将人们崇拜的人格化神与至高本体——梵相等同，号召信徒从内心热爱神灵，并且主张在神灵面前人人平等的观念。这种理论大大激发了下层群众对于改革运动的热情，与虔信派改革运动的发展需求相符合，为之后掀起的虔信派改革运动提供了重要的指导作用。

②虔信派改革运动的发展

罗摩奴阇在理论上创立了吠檀多限制不二论理论后，不久又在实践上付诸行动，他于11世纪末在南印度创立了室利·毗湿奴改革派，由此掀起了南印度虔信派改革运动的浪潮。该派别将毗湿奴与其妻子拉克希米（Lakshmi）作为主神供奉于神庙之内，极其崇拜毗湿奴的化身罗摩（Rama）。室利·毗湿奴派的特点在于他们的革新思想，不歧视低层种姓，无论任何种姓都可以加入该派。后期由于该派内部在教义与教规的问题上产生了争议，最终分裂为南北两学派。

大约13世纪，摩陀伐（Madhva）在南印度迈索尔地区创立了摩陀伐派。摩陀伐出生于南印度乌迪皮，他的哲学观念与商羯罗的吠檀多不二论相反。该派将毗湿奴奉为主神，尤其崇拜黑天（Krishna）——毗湿奴化身，主张对黑天大神要充满虔诚的信仰，这样才能获得大神的恩惠，从而在精神层面获得解脱。摩陀伐派的特点在于严格遵守宗教的道德准则，教徒必须严格遵循忠诚行善、不贪不盗等道德典范。

大约在12世纪末13世纪初，在南印度迈索尔邦附近产生了以崇拜湿婆的象征物——林伽（Lingam）为主神的林伽改革派。林伽派崇拜林伽主神，认为是林伽创造了世界万物，只要在内心虔诚崇拜林伽，再经过潜心修行，就可以在精神上得到解脱。该派的特点表现在对种姓制度的强烈反对以及对改革的追求。他们反对种姓制度，倡导消除种姓歧视；否定吠陀在印度教中的权威，抨击婆罗门祭司欺骗大众的行为；提倡男女平等，反对印度教中存在的轻视妇女的现象等。印度学家 A.L. 巴沙姆编写的《印度文化史》中提到："林伽派遍地修建寺庙与主张平等的措施，对卡纳达语地区产生了深刻的影响。"[1]

南印度兴起的声势浩大的虔信派改革运动，对印度教的宗教理论、教义教规等产生了深远的影响，促使印度教呈现出一片新的宗教形态与文化形式。其发展之迅速，很快影响到了北印度地区，在北印度也涌现出一批新的改革派。印度教由此开始以新的理念统领着印度的宗教领域。

3. 南印度佛教发展概况

佛教是印度本土的宗教之一，虽然未及印度教之古老，但它在印度曾有过辉煌的成就。佛教诞生于公元前 6 世纪的沙门思潮时期，作为反对婆罗门思想的新兴宗教的代表，其创立者是乔达摩·悉达多（Gautama Siddhartha，图1-2）。在孔雀王朝（Maurya Dynasty）时期，佛教因获得统治者阿育王的大力推崇而发展到了一个新高潮，阿育王为了宣扬佛法，曾派大批僧人前往各地传播佛教，促进了佛教在印度的大规模发展。

据记载，大约公元前 3 世纪中叶，阿育王派遣高僧摩诃提婆（Mahadeva）至南印度安达罗王国传播佛教，由此开始了南印度佛教的发

图 1-2　菩提伽耶佛陀塑像

展。然而，随着孔雀王朝的衰落，在公元前 2 世纪末建立起了巽加王朝（Shaka Dynasty），其统治者普舍密多罗（Vasumitra）极其拥护婆罗门教，反对一切佛教活动，残害大量佛教徒。《舍利弗问经》中提到："无论年长还是年少的教徒均被杀害，血流成川，破坏佛塔大约八百多所，无数佛教徒都失声痛哭，悲痛不已。国王普舍密多罗将其囚禁并加以鞭罚，五百罗汉最终登南山而得获免。"[2]在这场大规模的佛教迫害运动中，原来集中于北印度东部毗舍离的根本大众部一派开始向印度南部迁移，为南印度佛教的发展起到了促进作用。

佛教传入南印度后，由于当时的安达罗王朝对佛教的发展持包容与支持的态

1　朱明忠. 印度教 [M]. 福建：福建教育出版社，2013.
2　象本. 略述印度佛教自原始佛教至大乘佛教的发展 [J]. 佛学研究，2008（17）：324-329.

度，因而在此期间得到了较大的发展，在其都城阿马拉瓦蒂建造了大量佛教建筑。大约于 1 世纪中叶，南印度的一部分比丘将大众部一派的思想进行重新编撰，创作出了大乘流派经典，主要包括《般若经》《华严经》以及《法华经》等。这些佛教经典主张普度众生，积极面对世俗生活，形成了大乘佛教流派，其发展以阿马拉瓦蒂为中心。在安达罗王朝时期，南印度佛教的发展取得了较高的成就。大约在公元 3 世纪，安达罗王朝的势力趋于衰弱，伊克什瓦库王朝取代了安达罗王朝的统治，佛教在该王朝的统治下得到了较大的发展，主要以阿玛拉瓦蒂西部的纳加尔朱纳康达（Nagarjunakonda）为中心。当时的龙树菩萨是南印度重要的大乘佛教大师，他创立了中观派，推动了佛教在南印度的繁荣发展（图 1-3）。然而随着伊克什瓦库王朝的瓦解，佛教在南印度的发展不再受到统治者的支持，佛教渐衰，仅在南印度南端东部沿海地区的纳加帕蒂南（Nagapattinam）等几处还可以见到佛教徒的身影。据玄奘的《大唐西域记》记载：驮那羯磔迦国（位于今安得拉邦克里希那河下游地区）"伽蓝鳞次，荒芜已甚，余二十多处"。珠利耶国（现安得拉邦东南部内洛尔附近）"伽蓝颓毁，粗有僧徒"。达罗毗荼国（现位于安得拉邦南部与泰米尔纳德邦北部）"伽蓝百余所，僧徒万余人，皆习上座部法"。秣罗矩吒国（今泰米尔纳德邦马杜赖附近）"伽蓝故基，寔多余址，存者既少，僧徒亦寡"[1]。由此可见，至公元 7 世纪，南印度佛教的发展已处于衰微之态。随着印度教势力的大力兴盛，佛教在其发展中已逐渐被印度教同化，失去了往日的光辉。

4. 南印度耆那教发展概况

耆那教（Jainism）是诞生于印度本土的宗教，与印度教、佛教一样，具有悠久的历史渊源。与佛教相同，耆那教兴起于公元前 6 世纪的沙门思潮时期，是当时反对婆罗门特权地位的重要思想流派之一。耆那教共有 24 位祖师，最后一代祖师筏驮摩那（Vardhamana）是耆那教真正意义上的创始者，与佛陀处于同一时代，被信徒称为大雄（Mahavira）（图 1-4）。

耆那教自创立时起宗教活动重心集中于印度东北部的比哈尔邦一带，在筏驮摩那传教时代，耆那教由于获得当时国王的支持与推崇，在北印度摩揭陀王国（今比哈尔一带）及周边地区不断发展与扩大。耆那教最初传播到南印度是源于

1　大唐西域记 [M]. 董志翘，译注. 北京：中华书局，2012.

北印度发生的一次大饥荒。在公元前 3 世纪左右，摩揭陀国灾荒连年不断，使耆那教苦行僧徒生存十分困难，当时领导耆那教僧团的婆达罗巴忽（Bhadrabahu）便率领部分追随者迁移到了南印度卡纳塔克邦的迈索尔地区，剩余教徒则留在了摩揭陀国。当时婆达罗巴忽最终到达了南印度斯拉瓦纳贝拉戈拉（Shravanabelgola）的昌得拉吉里山（Chandragiri Hill），他意识到自己的生命将止，便决定与他的追随者旃陀罗笈多在昌得拉吉里山上修行，而他的教徒继续向当时的朱罗王国与潘迪亚王国传播耆那教。此后，耆那教在南印度得到了持续发展，至公元前 1 世纪，耆那教在南印度大部分地区都得到了传播。

图 1-3　大乘佛教大师龙树菩萨

据印度学者考证，筏驮摩那在世时由于耆那教内部观点的分歧而分裂成两派，分别为：跟随第二十三祖巴尔希武的古宗教一派，其后发展为白衣派；另一派为追随筏驮摩那新教的一派，其后发展为天衣派。筏驮摩那在世时这两派基本上团结融洽，但在宗教活动中都作为单独的教派。而当时带领僧团迁移至南印度的婆达罗巴忽便属于追随筏驮摩那的这一派，因而南印度的耆那教教徒主要为天衣派。玄奘的《大唐西域记》记载了公元 7 世纪左右南印度耆那教天衣派的发展状况：珠利耶国（现安得拉邦沿海附近的内洛尔城），"天祠数十座，多为露形外道"。

图 1-4　耆那教石窟祖师雕像

达罗毗荼国（现位于安得拉邦南部、泰米尔纳德邦北部，以帕拉尔河为中心的地区），"天祠八十多处,多为露形外道"。秣罗矩吒国（现位于泰米尔纳德邦,科佛里河与韦盖河之间），"天祠数百所,外道甚众，多为露形之徒"[1]。另外，在南印度卡纳塔克地区耆那教由于得到统治者的支持而取得了较大发展。甘伽王族的统治者纳利波东格十分推崇耆那教，他在王宫中聚集了许多研究哲学、医学等著作的耆那教师尊，他们在卡纳塔克及泰米尔纳德地区雕塑了许多高大的祖师像。

然而，随着南印度印度教的活跃发展及虔信运动的展开，有些王国的统治者拥护印度教，耆那教开始受到排挤，甚至遭受迫害。如 11 世纪南印度潘迪亚王国的国王孙陀罗，信奉湿婆教，曾囚禁八千名耆那教徒，并施以酷刑。到了 12 世纪，随着伊斯兰教的入侵，耆那教开始遭受到大规模的破坏，许多信徒被杀害，耆那教总体形式渐衰，但是在南印度的卡纳塔克地区，耆那教的势力仍然持续着。据史料记载，1368 年，南印度耆那教信徒在受到穆斯林的压迫时获得了维查耶纳伽尔国王的庇护，直至 17 世纪左右，耆那教依然在维查耶纳伽尔王国兴盛着。因此，耆那教在南印度的发展状况与佛教不同，它并没有湮没在印度教的强烈冲击下，而是以顽强的生命力使其文化得到了传承，并留下了一些体现南印度风格的耆那教建筑。

第三节　南印度宗教建筑概况

南印度宗教建筑主要包括印度教神庙、佛教建筑以及耆那教神庙三大类型，其中印度教神庙是南印度宗教建筑的主体。耆那教神庙分布范围有限，其保留较为完整。南印度佛教建筑曾发展十分迅速，但在后期的印度教盛行时期遭受了较大程度的破坏，如今佛教建筑遗迹十分罕见。

1. 南印度印度教建筑

南印度印度教神庙是南印度宗教建筑中最重要的组成部分，其数量之多，分布之广泛，远远超过其他宗教建筑。作为印度主流宗教印度教文化的载体，它在印度教发展的不同时期也体现出不同的建筑特征。南印度印度教神庙建筑主要分为石窟以及石砌神庙两大类型，在印度中世纪时期，南印度石砌神庙在建筑以及装饰艺术方面都发展到了顶峰。关于南印度印度教神庙建筑的发展、类型、特征以及装饰艺术等内容将在下文详细展开（图 1–5）。

1　大唐西域记 [M]. 董志翘，译注 . 北京：中华书局，2012.

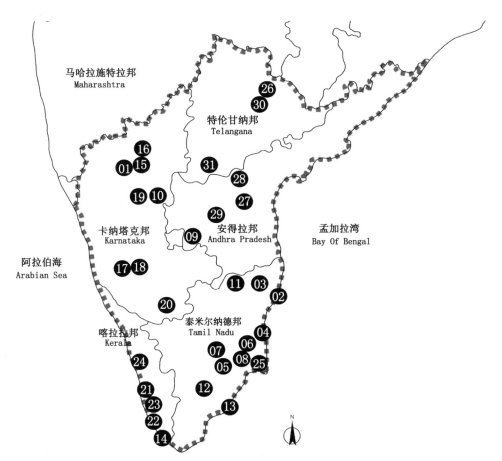

图 1-5　本书所述南印度印度教神庙分布图

01.巴达米　02.默哈伯利布勒姆　03.甘吉布勒姆　04.吉登伯勒姆　05.坦贾武尔　06.冈戈昆达布勒姆　07.斯里兰格姆　08.贡伯格纳姆　09.力帕西　10.亨比　11.韦洛尔　12.马杜赖　13.拉梅斯沃勒姆　14.特里凡得琅　15.帕塔达卡尔　16.艾霍莱　17.贝鲁尔　18.霍莱比德　19.拉昆迪　20.索姆那特布尔　21.瓦伊科姆　22.卡韦尔　23.蒂鲁瓦莱　24.特里苏尔　25.达拉苏拉姆　26.帕拉姆佩特　27.派拉瓦贡达　28.斯里赛拉姆　29.塔德帕特里　30.赫讷姆贡达　31.阿伦布尔

2.南印度佛教建筑

　　南印度佛教的发展经历了一千余年，在此期间建造了无数佛教建筑，更创造了对印度佛教艺术界产生深远影响的阿马拉瓦蒂（Amaravati）佛教艺术。南印度佛教建筑主要包括石窟、窣堵坡以及寺庙三种类型。然而，在印度教盛行时期，南印度佛教建筑遭受了较大程度的破坏，有些甚至直接作为印度神庙使用。

南印度佛教石窟早期
分布广泛，其形制主要为
在中央柱厅周围开凿多个
小室，供佛教徒修行之用，
但是在中世纪印度教盛行
时期，佛教石窟便被印度
教徒使用，因而佛教石窟
遗迹甚少。南印度窣堵坡
及其雕刻艺术展示了南印

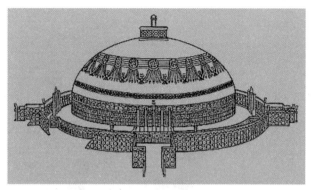

图1-6　阿马拉瓦蒂窣堵坡复原模型

度阿马拉瓦蒂佛教艺术的光辉成就，历史上一些大型的窣堵坡几乎不存在，著名
的阿马拉瓦蒂窣堵坡成为南印度窣堵坡典型形制的代表。其位于安得拉邦克里希
那河下游南岸的阿马拉瓦蒂地区，始建于公元前2世纪，在2世纪时得到了大规
模的扩建，主要由台基以及上部的半球状覆钵组成，顶部建造有平台及伞盖。在
台基的东南西北四个方位各建造一向前伸出的矩形露台，并在其前部矗立五根石
柱，这与北印度窣堵坡中的塔门（陀兰那）有异曲同工之处，这是南印度窣堵坡
形制的独特之处，被称为"方牙四出"[1]。台基四周环绕有一圈右绕甬道，外围建
有一圈石灰石围栏，高约3.5米，并装饰着精彩的浮雕。然而，18世纪末期阿马
拉瓦蒂窣堵坡遭受了很大的破坏，成为一片废墟，20世纪中叶当地建立的考古博
物馆根据一些挖掘的图样浮雕修建了一座复原模型，清晰地展现了南印度窣堵坡
的形制特征（图1-6）。

　　南印度佛教寺庙的建造曾经十分兴盛，较为重要的遗址是位于安得拉邦克里
希那河下游南岸的纳加尔朱纳康达（Nagarjunakonda）寺庙群遗址。这座建于公元
3—4世纪的佛教建筑遗址由英国考古学家发掘于20世纪初期，是由一些破损的
窣堵坡与支提等组成的建筑组群。以其中第38号遗址为例，寺庙布局形制为以
窣堵坡为中心，周围分布着僧房、支提窟、讲堂以及供奉佛像的祠堂。中央的窣
堵坡规模较大，直径达32米，高度为18米，底座由砖砌成，并填以灰泥，装饰
着大型的花蔓，周围的支提窟、祠堂等建筑都为矩形平面，由砖砌筑，以供佛教

1　James Fergusson. History of India and Eastern Achitecture[M]. London: Munshiram Manoharlal Publishers Pv,1992.

图 1-7 龙树山佛教遗址

徒修行之用。然而，在20世纪60年代修建的纳加尔朱纳沙加大坝使其遭受了破坏，经印度考古学家的抢救，一些遗址被迁移至附近的龙树山岛上，在经过修复后得到了较大程度的保留[1]（图1-7）。

3. 南印度耆那教建筑

南印度耆那教建筑主要集中于卡纳塔克邦、喀拉拉邦以及泰米尔纳德邦的北部地区，其中卡纳塔克邦的斯拉瓦纳贝拉戈拉（Shravanabelgola）是南印度最大的耆那教圣地，一直以来都是南印度耆那教活动的中心（图1-8）。南印度耆那教神庙建筑主要分为石窟与石砌神庙这两大类型。

图 1-8 斯拉瓦纳贝拉戈拉耆那教圣地

同印度教石窟神庙类似，南印度耆那教石窟神庙模仿了佛教精舍窟的形制，通常在中央设置一个柱厅，在左右及后侧岩壁上开凿小室，后侧小室通常作为圣室，用于供奉耆那教始祖的神像。与印度中部埃洛拉（Ellora）等石窟圣地不同，南印度耆那教石窟神庙规模较小，而且保存较少，位于卡纳塔克邦的巴达米（Badami）石窟第4窟是一座典型的耆那教石窟神庙（图1-9）。这座石窟位于前3窟的东侧，大约开凿于公元650年，规模较小。石窟由门廊、柱厅以及圣室三部分组成，前部设置台阶。门廊平面为狭长的矩形，立面由四根方形的石柱构成，左右两侧尽端各设置一根附墙柱，方形石柱柱身雕刻着一些几何花纹的图案，

---

1 阮荣春，朱浒.从孟买到金奈——南印度佛教美术遗迹考察笔记[J].贵州大学学报，2013（27）：8-15.

图 1-9 巴达米耆那教石窟   图 1-10 耆那教始祖雕像

在柱头前侧的托臂上雕刻着神兽及其驾驭者的雕像。柱厅为矩形平面，内部中央设置一排石柱，中央两根为独立石柱，尽端两根石柱依附岩壁，柱身由下至上逐渐递收，并在中部雕刻着耆那教始祖的神像，较为精细，柱厅内部三侧岩壁上也都装饰着一些大大小小的始祖神像（图 1-10）。圣室位于柱厅后部中央，通过前部的台阶与柱厅相连，内部供奉着耆那教创始人大雄端坐着的神像，其双手放置于前部，面露平静祥和之态，体现出对于世俗无欲无求。

南印度耆那教石砌神庙的建造稍晚于石窟神庙，按其形制风格可以分为南方式以及地方式两大类型。南方式风格的耆那教神庙特点在于其圣室屋顶为角锥形，并且逐层向上递收，强调横向的构图模式。位于南印度耆那教圣地斯拉瓦纳贝拉戈拉北部昌德拉吉里山（Chandragiri）上的查蒙达拉亚神庙（Chamundaraya Temple）是南方式风格耆那教神庙的代表（图 1-11）。查蒙达拉亚神庙始建于 982 年，至995 年才最终完成，神庙坐西朝东，主要由门廊、柱厅、前厅以及带回廊的圣室四部分构成。门廊为方形平面，开敞式布局。柱厅平面为方形，内部排列四列石柱，外围 12 根为方形柱身，

图 1-11 查蒙达拉亚神庙

图 1-12　昌得拉纳萨神庙　　　　　　　　　　　　　图 1-13　神庙第一座柱厅

中部 4 根为圆形柱身，并且采用磨光的材质雕刻而成 [1]。前厅为矩形平面，前部设置两根石柱，后部则与圣室相连，并且两者外围环绕有一圈回廊，与前部柱厅互相贯通。圣室由三层组成，与大多数神庙不同，下部两层圣室内部都供奉着耆那教始祖的神像 [2]。神庙殿身与圣室上部毗玛那（Vimana）的第一层塔拉 [3] 由多个佛龛单元构成，早先内部供奉着 24 位始祖的雕像，现已不存，第二、三层塔拉由雕刻精细的微型亭组成，并且体量依次向上递收，最顶部冠以盔帽状盖石，整体组成一个四角锥形的屋顶形式，体现了南方式耆那教神庙的基本形制。

　　南印度地方式风格的耆那教神庙是在西海岸地区独特的地理条件下发展形成的，其特点主要表现在建筑上部的屋顶为坡顶形式，有些为多层重檐形式。位于南印度耆那教镇穆达彼德瑞（Mudabidri）的昌得拉纳萨神庙（Chandranatha Temple）是这种形式神庙的代表（图 1-12）。这座神庙建于 1430 年，坐落于一座院落内，主要由门廊、四座柱厅、前厅以及圣室组成，这些建筑位于同一轴线上，且进深较大。第一座柱厅于 1452 年加建而成，整体雕刻精细，与早期建造的三座柱厅形成了鲜明的对比 [4]（图 1-13）。这座开敞式柱厅内部石柱的形式与

1　I K Sarma,Temples of Gangas of Karnataka[M]. New Dehli:Archaeological Survey of India,1992.
2　I K Sarma,Temples of Gangas of Karnataka[M]. New Dehli:Archaeological Survey of India,1992.
3　塔拉，构成神庙圣室上部毗玛那的每层单元。
4　Geogre Michell. Architecture and Art of Southern India[M].London: Cambridge University Press, 1995.

雕刻细节是整座神庙最精致之处，柱身底部为方形石柱，上部为圆形，柱头由下层的圆形柱盘以及上层的方形柱盘组成，上层柱盘雕刻着莲花花瓣的图案。柱厅外围环绕一圈走廊，由石柱支撑，整座柱厅位于由多条横向线脚分割的底座之上。后部三座柱厅均为封闭式布局，方形平面，最后部的柱厅通过前厅连接着圣室，圣室内部供奉着昌得拉纳萨的神像。早期整座神庙均为一层，顶部坡屋顶由层层堆叠的石板构成，然而，如今四座柱厅的屋顶为两层式，而圣室上部为三层重檐形式，这些屋顶为木制坡屋顶结构，宽敞的檐口下部由多个雕刻精细的斜撑支撑，并且在第一座柱厅以及圣室屋顶的两端挑出镂空的三角形山形墙。

小结

　　南印度的历史发展经历了较为独立的模式，公元前3世纪与北印度孔雀王朝的接触对南印度的政治发展起到了促进作用。古代时期南印度的历史主要由北部的萨塔瓦哈那王朝以及"远南"地区的朱罗、潘迪亚、哲罗四大王朝主导。来自北印度的吠陀文化对南印度产生了较大的影响，频繁的贸易往来也为南印度带来了新的信息。中世纪早期，是南印度多个地方政权争霸的历史时期，其北部先后由早期遮娄其、拉什特拉库塔以及后期遮娄其王朝所统治，而南端则由帕拉瓦、朱罗以及潘迪亚相继统治，各王国之间在战争的同时又存在文化等方面的交流。在中世纪晚期，南印度北部地区为穆斯林控制，而南部的维查耶纳伽尔王朝成为庇护印度教最强大的帝国，其后的纳亚卡王朝也仅仅持续了一百多年。

表 1-1　南印度历史年代表

时期	王朝	历史事迹
古代	萨塔瓦哈那王朝（约前1世纪—3世纪）	亦称安达罗王朝，由统治者萨塔卡尼一世（Satakarni I）建立，公元3世纪趋于衰弱，其中部领域为阿布希拉人占领，南部地区由后来短暂的伊克什瓦库（Ikshvaku）王朝统治，期间发展了繁荣的阿马拉瓦蒂佛教艺术
	朱罗王朝（约前2世纪—3世纪）	阿育王的诏谕中最早将其称为一个统治政权，大约在公元前2世纪上半叶，朱罗王子埃拉腊征服了南端的小岛锡兰（今斯里兰卡），并统治了较长一段时期。公元3世纪，由于帕拉瓦王国的兴起以及潘迪亚、哲罗王国的侵略，朱罗政权逐步走向衰落
	帕拉瓦王朝（约3世纪—6世纪）	该王朝最早的敕书被认为是公元3世纪，由统治者斯坎达瓦尔曼（Skandavarman）建立，首府位于建志补罗（现甘吉布勒姆），6世纪早期为笈多王国击败，后期历史记载较少

时期	王朝	历史事迹
古代	潘迪亚王朝（约前4世纪—6世纪上半叶）	最早在公元前4世纪的史料中提及，在阿育王时期作为一个独立的王国。早期领域包括现今的马杜赖、雷姆纳德、丁内未利以及特拉凡得琅以南地区，首都位于马杜赖，被称为"南方的马图拉"
	哲罗王朝（约前3世纪—8世纪）	早期历史比较模糊，最早在阿育王的诏谕中提及过。领域主要分布在南印度西部沿海地区，囊括了现今的马拉巴尔、科钦以及特拉凡得琅的北部地区。大约至8世纪以后，哲罗王国先后成为潘迪亚、朱罗王国的臣属
中世纪早期	遮娄其王朝（543—757）	由普罗稽舍一世建立，都城位于瓦达比（现巴达米），普罗稽舍二世时期战胜了甘吉布勒姆的帕拉瓦王朝
	东遮娄其王朝（642—1075）	王朝的建立者毗湿奴筏驮那最初是早期遮娄其王国的总督，在642年补罗稽舍二世逝世后宣布独立，建立了东遮娄其王朝，以文耆为都城，统治维持了近500年
	拉什特拉库塔王朝（753—982）	由统治者丹蒂德伽在8世纪中叶击败早期遮娄其国王后建立，在国王克里希那三世统治时期，其疆土一直扩展到"远南"地区。大约在公元968年后，拉什特拉库塔王朝逐渐走向衰败，最终政权由后期遮娄其人占领
	后期遮娄其王朝（973—1200）	由自诩是早期遮娄其王朝后代的泰拉二世建立，都城位于卡利尼亚
	霍伊萨拉王朝（1026—1343）	后期遮娄其王与卡拉楚利（Kalachuri）帝国战争后两败俱伤，统治迈索尔小王国的毗湿奴伐弹利用此机会兼并了卡纳塔克邦以及泰米尔邦的盖韦里河三角洲地区，建立了霍伊萨拉政权，都城位于贝鲁尔，后迁至霍莱比德
	卡卡提亚王朝（1000—1323）	最早由冈迪亚一世建立，时间不详，首都位于卡卡提普拉，在统治者贝塔二世时期都城迁至奥鲁加卢（现瓦朗加尔）地区。该王朝统治着特仑甘纳邦与安得拉邦大部分区域，拥有此时世界上唯一的露天砖石矿，因而后期受到德里苏丹国的觊觎，最终在德里苏丹国的多次进攻下瓦解
	帕拉瓦王朝（537—901）	在6世纪上半叶崛起，在那罗辛哈瓦尔曼一世时期成为南印度出色的强国，后期与邻国存在较多的战争，末位统治者被朱罗王国的阿迭多一世击败。帕拉瓦人最初信奉佛教，在5世纪开始推崇婆罗门教，并且开始了印度教神庙建筑的探索
	朱罗王朝（848—1279）	公元9世纪崛起，国王罗阇罗阇一世时期朱罗王国成为南印度最强大的王国，其政权在13世纪下半叶开始衰落。朱罗王朝海上实力强大，发展了繁荣的海外贸易。同时也致力于印度教神庙的建造，将南印度印度教神庙建筑的发展推向了高潮
	潘迪亚王朝（1251—1350）	13世纪下半叶，随着朱罗王朝的彻底覆灭，潘迪亚王朝开始复兴，都城位于马杜赖。在查太伐摩·孙达罗统治时期发展到了顶峰，成为南印度重要的印度教大国

时期	王朝	历史事迹
中世纪晚期	巴马尼苏丹国（1347—1527）	1347 年由穆罕默德·宾·图格鲁克建立，都城位于古尔伯加，后迁至比达尔。其统治几乎维持了两个世纪，最终四个重要的行省宣布独立，然而，它们后期又臣服于莫卧儿帝国。尽管苏丹国对于印度教王国的破坏较大，但他们留下的伊斯兰建筑与艺术文化却是震撼人心的
	维查耶纳伽尔王朝（1336—1565）	由哈利哈拉和布卡两位反抗德里苏丹政权的主力建成，都城位于亨比。在统治者克里希那提婆·拉亚时期帝国的发展达到了顶峰，成为南印度实例最强大的印度教帝国。当时北印度与德干大部分地区处于穆斯林统治下，维查耶纳伽尔王国成为南印度保护印度教文化最坚固的堡垒。然而 1565 年爆发的塔利库塔战争的失败使整座城市成为穆斯林肆意破坏的场所，这座巨大的帝国都城遭受了前所未有的洗劫
	纳亚卡王朝（1565—1700）	1565 年塔利库塔战争的失败使维查耶纳伽尔帝国逐步瓦解，当时的总督纳亚卡趁机在泰米尔纳德地区拥兵自立建立了独立的印度教王国，称为纳亚卡王朝

贯穿于南印度复杂历史进程中的宗教发展经历了一个清晰的历程。南印度早期的宗教以佛教与耆那教为主，都经由北印度传播而来。佛教是在阿育王时期传播至南印度，并且经历了相当繁荣的一段时期，耆那教传入南印度则始于一次大饥荒的蔓延。印度教是整个印度的主流宗教，早期一直以北印度为发展中心，在6 世纪以后逐渐转向南印度，8 世纪商羯罗兴起的宗教改革以及 11 世纪开始的虔信派改革运动都对印度教的发展产生了至关重要的影响，为印度教注入了新的活力。

南印度宗教建筑是南印度教宗教文化的载体，其中印度教建筑是南印度宗教建筑中的主流，主要由石窟以及石砌神庙两部分组成，如今遍及南印度各地的印度教神庙建筑充分展现了其光辉的成就。耆那教建筑主要包括石窟以及石砌神庙两大类，其中石砌神庙在其发展过程中又形成了南方式和地方式两大风格，尽管数量与印度教神庙相比较少，但保留较好。佛教建筑主要包括石窟、窣堵坡以及寺庙三大类型，现今遗留较少。

第二章　南印度印度教神庙建筑的发展与类型特征

印度教建筑是印度建筑历史中一笔极为宝贵的财富，作为印度主流宗教印度教文化的载体，印度教神庙往往被认为是神灵的住所，被赋予了神圣的地位。它们通常位于印度社会的中心，成为印度教信徒所有活动的场所。尽管南印度在早期往往被研究人员所忽视，但是这些遍布于南印度领地辉煌的印度教神庙建筑却深深地震撼了世人的内心。南印度印度教神庙建筑依据地区的不同形成了不同的类型风格，笔者将在本章对南印度印度教神庙建筑的兴起、不同类型印度教神庙的发展及其特征进行介绍与描述，展示南印度与众不同的印度教神庙建筑盛况。

第一节 南印度印度教建筑的起源

1. 印度教建筑的起源

印度教神庙的建造出现于佛教建筑之后，这主要与早期婆罗门教崇尚杀牲祭祀的教义以及没有形成佛教那样稳定的僧团组织有关。

在早期吠陀教时期，雅利安人崇拜自然之神，他们实行祭祀的方式通常是以大自然中的树木、巨石等为中心，将这些室外露天场地作为宗教活动的场所。到了婆罗门教时期，祭祀仪式主要包括家庭祭祀与天启祭祀两种。家庭祭祀仪式简单，通常只需设置一坛祭火，由一名或几名祭司主持。天启祭祀较为复杂，需要设置多坛祭火，由多名祭司主持，有些王国则会采取杀牲献祭的祭祀仪式。然而，两种祭祀方式都是以祭坛为中心进行的，祭坛一般位于一棵大树下或者是一个小型的柱式亭阁内，形式比较简单，通常是顶部有一块厚板，周边有一圈围栏，祭坛内的神灵象征可有可无。因此，早期吠陀教与婆罗门教的祭祀场所是以祭坛为中心的小型构筑物[1]。

笈多王朝建立后，婆罗门教在统治者的支持下开始得到了恢复，展现出了新的活力。此时婆罗门教的宗教信仰出现了转变，表现在对多种多样神灵的崇拜，尤其是对毗湿奴与湿婆两位神灵的崇拜得到了加强。笈多时期的婆罗门教已不再主张杀牲献祭的宗教祭祀仪式，而是将偶像崇拜作为宗教活动的中心。在印度教逐渐成为主流宗教的笈多时期，印度教万神殿中的神灵越来越多，从主神到各自的随从与化身，这些神灵都需要小型的建筑空间去供奉，因此，在笈多王朝时期

1　Krishna Deva. Temples of India[M]. New Dehli: Aryan Books International, 2000.

开始了印度教神庙的建造。

2. 南印度印度教神庙建筑的兴起

随着笈多王朝印度教神庙的兴建，南印度也开始了神庙建筑的早期探索。南印度在安达罗王朝时期出现了大量的佛教岩凿石窟以及砖砌窣堵坡，但此时并没有出现供奉吠陀诸神的神庙建筑。随着安达罗王朝的衰落，伊克什瓦库王朝崛起并且取代了安达罗王朝，统治了德干东部地区，包括今南印度安得拉邦克里希那河以北地区。此时由于印度教贵族阶级在该地区的地位得到了上升，因而逐渐建造了一些供奉印度教湿婆、卡尔提凯亚（Karttikeya）战神等神灵的神庙。

南印度早期神庙建筑的探索既包括石窟神庙的开凿，也包括石砌神庙的初步试验。印度教石窟神庙出现于佛教石窟建筑之后，当时在佛教建筑盛行的时代，印度教发展一度处于低迷的状态。为了与佛教进行竞争，重获印度教在印度的主流地位，印度教也极力寻求一种可以迎合信徒追求的建筑形式。在受到后期佛教石窟建筑的影响后，印度教在公元 5 世纪左右开始了石窟建筑的开凿[1]。当时最早的印度教石窟开凿于中央邦博帕尔（Bhopal）附近的乌德耶吉里（Udaygiri）地区，至今此地石窟依然享有盛誉。南印度石窟神庙的开凿始于公元 6 世纪，大多集中于卡纳塔克邦北部以及安得拉邦，这些地区当时处于印度中部德干高原王国的统治之下，因而受到石窟神庙开凿的影响较早。而南印度南端的泰米尔以及喀拉拉地区大约在 7 世纪开始了石窟神庙的开凿，发展了适合印度教祭祀习俗的石窟形制。南印度在探索石窟神庙的同时也致力于石砌神庙的建造，并且石砌神庙此后成为贯穿南印度中世纪历史的主要建筑。据记载，目前南印度保存最古老的神庙是位于卡纳塔克邦艾霍莱（Aihole）地区的高达尔神庙（Gaudar Temple），建于公元 5 世纪上半叶[2]。然而，无论是早期的石窟神庙还是石砌神庙，根据一些早期遗留下来的神庙基座等遗迹发现其形制都以早期佛教窣堵坡或石窟的形制为原型，后期逐渐发展成简单的南印度神庙形制。

---

1 ［日］布野修司.亚洲城市建筑史[M].北京：中国建筑工业出版社，2010.
2 ［美］罗伊·C克雷文.印度艺术简史[M].王镛，方广羊，陈聿东，译.北京：中国人民大学出版社，2003.

第二节　南印度印度教石窟神庙的发展与特征

1. 早期石窟神庙特征

南印度早期石窟神庙的形制模仿佛教精舍窟的布局形式，中央为一个方形的柱厅，在柱厅左右以及后壁上开凿小型柱厅或是小室与其贯通，与佛教精舍窟不同的是，后壁的小室成为供奉印度教神灵的圣所。石窟整体形制较为简单，内部光滑的石壁为雕刻提供了较大的发展空间。

艾霍莱地区的拉瓦拉法蒂石窟（Ravana Phadi Cave）是南印度早期的一座古老石窟神庙，开凿于6世纪，是一座湿婆教石窟神庙（图2-1）。其平面布局为中央一个矩形大厅，两侧各开凿一间矩形的柱厅，后侧为前厅和圣室（图2-2）。两侧柱厅、前厅以及圣室的地平面有所抬升，其前部都通过五级石阶与中央大厅相连。石窟入口处由四根平滑朴素的石柱支撑，前部设置台阶通向室外。在整座石窟正中的前部设有一座供奉公牛南迪（Nandi）的平台，这是湿婆教神庙最明显的标志。

石窟内部的中央柱厅体量较大，四个角落都雕刻有以湿婆为主题的雕像，包括湿婆半男半女像、湿婆与帕拉瓦蒂（Parvati）的神灵夫妻之像等。左侧的柱厅体量较小，矩形平面，面阔较宽，立面中部的两根石柱底座为方形，柱身呈十六边形，上部方形的石柱体块上装饰着一些简单的花纹图案雕刻。柱厅的内壁上装饰着一幅较大的雕像，以十臂湿婆与帕拉瓦蒂、迦利（Kali）共舞为主题，他们头上都戴着高高的宝冠，服饰等细部装饰极为简单。在湿婆以及帕拉瓦蒂、

图2-1　拉瓦拉法蒂石窟神庙

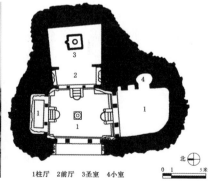

1柱厅　2前厅　3圣室　4小室

图2-2　拉瓦拉法蒂石窟神庙平面

迦利之间各雕刻有象神伽内什
（Ganesha）以及人身马面的湿
婆随从加纳（Gana），湿婆舞
动着的十臂让整幅雕刻画面增
加了动态之感（图 2-3）。右
侧的曼达坡（Mandapa）体量
较大，矩形平面，在后壁上开
凿有三间小室，笔者猜测这是
印度教信徒用于修行的场所，
模仿前期佛教精舍窟的形式。
可惜这座曼达坡并没有完工，
内部除了开凿的三间小室外几
乎没有装饰任何雕刻，只有曼
达坡前部设置的两根石柱上装
饰着一些简单的植物花纹图案
的雕刻。前厅位于中央大厅的
后部，矩形平面，左右两侧石
壁上装饰着毗湿奴化身瓦拉哈

图 2-3　拉瓦拉法蒂石窟十臂舞蹈的湿婆雕刻

图 2-4　拉瓦拉法蒂石窟内部圣室

（Varaha）的雕像以及杜尔伽（Durga）杀水牛怪的场景雕刻。后部的圣室平面为矩形，
内部供奉着象征湿婆的林伽，而周围内壁上朴素简单，几乎没有雕刻装饰（图 2-4）。

　　整体而言，拉瓦拉法蒂石窟作为南印度早期石窟神庙的代表，沿袭了佛教精
舍窟的平面形制，内壁开凿的小室为僧人修行提供了居所，满足其修道生活的需
要。此外，尽管石窟内部的雕刻较多，但其细部装饰比较简单，笔者猜测其原因
在于早期印度教神庙的建造主要目的在于为信徒提供修行的住所，以便他们潜心
修行，而雕刻装饰元素在当时的神庙建筑中充其量只是丰富内部空间的一种需要。

2. 后期石窟神庙的演变及特征

　　早期印度教的石窟继承并发展了佛教精舍窟的布局模式，但是在实际宗教活
动中，印度教徒意识到石窟内部开凿的为满足信徒修行生活之需的小室并不适合
印度教中盛行的湿婆教以及毗湿奴教的祭祀习俗，因而逐渐取消了石窟内部左右

两侧的小室，但是后壁开凿小室的习俗保留了下来，作为供奉印度教神灵的神圣之所[1]。此时印度教石窟神庙的形式主要演变成围绕中央大厅的集中式布局形式。

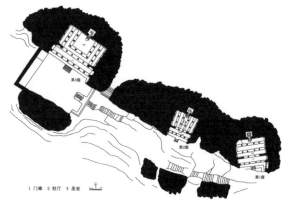

图2-5　巴达米石窟前3窟平面

早期遮娄其王朝时期开凿的巴达米石窟神庙是反映这种转变形式的重要代表。这是由四座石窟神庙组成的石窟群，位于巴达米南部的岩石山上，其中第1窟为湿婆教石窟神庙，第2、3窟为毗湿奴教石窟神庙，这三座石窟都开凿于6世纪，第4窟为耆那教石窟，规模较小，开凿于7世纪。四座石窟由低向高依次排布，通过石窟前院的一条倾斜的坡道连接（图2-5）。四座石窟的形制大同小异，继承了佛教建筑中的精舍窟形式，但有所改变。其中第3窟最具代表性，是规模最大并且是最精美的一座。

第3窟整体坐南朝北，在三座印度教石窟神庙中位于最上层砂岩中，通过前部庭院中与其相连的台阶便可进入石窟内部，其平面由门廊、柱厅以及圣室组成（图2-6）。与佛教精舍窟的不同之处在于中央柱厅两侧的附属殿堂已经取消，转变为雕刻着丰富浮雕的墙板，并且由壁柱将其划分成多个版块。门廊为狭长的矩形平面，面阔较宽，进深极短，立面由六根方形的立柱均匀分隔。这些立柱整体显得十分粗壮，从下至上被作为装饰的横向线脚划分为三段：底部雕刻着一些莲花花瓣的图案；中段每面都

图2-6　巴达米石窟第3窟

1　James Fergusson,James Burgess.The Cave Temples of India[M].London: Cambridge University Press, 1880.

刻有一个圆形图案，装饰有神灵爱侣以及其他神灵的雕像；上段装饰着一些相互交叉的几何花纹图案的雕刻，柱头每侧的托架上雕刻着成对的神灵爱侣（Mithuna）以及侏儒随从的雕像，形态各异，整体显得雄浑有力。门廊东西两侧的红砂岩浮雕嵌板上都雕刻着巨大的毗湿奴雕像，东侧的岩壁面板上雕刻着四臂毗湿奴坐像，这位保护之主安详地端坐于蛇神阿南塔（Ananta）弯曲缠绕的身躯上，位于其高冠之上的蛇神的兜帽几乎完全展开，随时保护着这位伟大的神灵（图 2-7）。门廊的天花上装饰着各种形式的神灵、植物图案的雕刻面板，原先在两个面板之间还装饰有一些 6 世纪左右的壁画，但现在仅遗留下一些残片，模糊不清（图 2-8）。门廊与柱厅通过中间四根立柱以及两端两根附墙柱分隔，中央两根立柱体现了印度石柱的基本风格，方形的柱身每面都向前突出一段距离，并且向中央内收，重复两次过程，使得石柱的四个角落形成五个突出的折角[1]。柱厅为矩形平面，内部的 14 根立柱将其围合成一个位于中央的矩形开敞空间，与前部门廊及台基两侧浮雕嵌板上的精致雕刻相比，柱厅内部的岩壁上显得简洁朴素，仅仅在顶部的天

图 2-7　巴达米石窟第 3 窟毗湿奴坐像　图 2-8　巴达米石窟第 3 窟天花壁画

1　James Fergusson, James Burgess. The Cave Temples of India[M].London: Cambridge University Press, 1880.

花上雕刻有一些神灵爱侣的雕像。圣室位于柱厅后部的中央，前部设置台阶与柱厅连接，体量极小，内部摆放着林伽与尤尼。

此外，南部帕拉瓦王朝的统治者马赫多拉瓦尔曼一世就已开始探索石窟神庙的基本形式，其子那罗辛哈瓦尔曼一世在默哈伯利布勒姆（Mahabalipuram）开凿了十余座石窟神庙。这些石窟神庙平面多为矩形，后壁中央为圣所，内部三侧岩壁上多装饰着以印度教神话故事为主题的雕刻，同时也出现了在圣室周围环绕回廊甬道的尝试与探索[1]。石窟最前部通常为一排石柱支撑的门廊，在石柱的柱础上雕刻着曲蹲或是跃立着的狮子，它们是帕拉瓦王朝的象征。狮子柱础体现了帕拉瓦石柱风格的鲜明特征，后期在南印度北部地区也出现了类似的石柱风格。位于安得拉邦派拉瓦贡达（Bhairavakona）地区的石窟群中采用了较多帕拉瓦风格的石柱，其中第5窟立面排列着一排雄狮柱，这些雄狮都曲蹲于柱础部位，生动逼真，透露着一股王者气势（图2-9）。

图2-9　派拉瓦康达石窟第5窟雄狮柱

（1）摩希沙石窟神庙（Mahishamardini Cave）

摩希沙石窟神庙位于岩石山的南部，开凿于7世纪，坐西朝东，由柱厅以及圣室两部分组成，形制十分简洁（图2-10）。石窟前方右侧设置台阶与外部相连。柱厅平面为矩形，立面由五根圆形石柱划分

图2-10　摩希沙石窟神庙

1　James Fergusson, James Burgess. The Cave Temples of India[M].London：Cambridge University Press，1880.

为五开间，两侧尽端设有紧挨岩壁的附墙柱。第二根石柱已完全损坏，仅剩下一根通长的柱身，其余石柱柱身被横向的线脚划分成三段，每段都雕刻着竖向的棱纹，顶部上下凹凸的曲线形圆盘上承托着

图 2-11　斜卧的毗湿奴雕刻

较厚实的圆盘状柱头（称为罗曼式柱头），其上支撑着方形的扁状石块，最顶部设有承接上部横梁的托架，整体雕刻比较简单。柱厅内部左右两侧岩壁上雕刻着巨大的雕像，左侧岩壁上雕刻有毗湿奴斜躺在五头蛇神赛沙（Sesha）之上的雕像（图 2-11）。毗湿奴面部表情十分安详，似乎正享受着此刻的宁静，而底部三位虔诚的随从以及上方成对的飞天神灵，似乎正在准备着与右侧两位恶魔的战争。柱厅中部设有一个较低的小平台，连接后部的圣室，平台前方两端设置两根圆形石柱，底部为方形的柱基，柱身底部雕刻着神兽雅利（Yali），柱顶通过上部的横梁与顶部平滑朴素的天花相连接。柱厅后部开凿有三个圣室，方形平面，体量较小，每个圣室入口两侧都雕刻有守卫的神灵。中部的圣室内原先供奉着林伽，现已损坏。在圣室的后壁上雕刻着湿婆家族的浮雕，湿婆与帕拉瓦蒂坐立于宝座之上，帕拉瓦蒂的膝上抱拥着小塞犍陀，在湿婆的左上边是创造之神梵天（Brahma），右边是毗湿奴，在他们的宝座之下是湿婆的坐骑南迪（Nadi）以及一名女性随从（图 2-12）。这幅雕像用世俗间的家

图 2-12　摩希沙石窟中部圣室

庭亲情来表现神灵家族的关系，这种主题在帕拉瓦时期的雕刻中较为常见[1]。

（2）般度五子石窟神庙（Pancha Pandavas Cave）

般度五子石窟神庙位于岩石山的东侧中央，同样开凿于 7 世纪，是这些石窟神庙群中规模最大的一座，尽管没有完工，但是从现存的空间来看这座石窟已开始尝试在圣室外围环绕一圈回廊的做法。

石窟神庙坐西朝东，由柱厅与圣室两部分组成，通过前方的台阶与室外地坪相连接。柱厅平面为矩形，内部由两排八角形石柱支撑，每排六根，将立面划分为七开间形式。前排石柱细部雕刻较为丰富，位于方形柱基之上的柱身下部雕刻着曲蹲着的雄狮，上部方形顶板之

图 2-13　般度五子石窟神庙

上的托架正面雕刻着跃立而起的神兽。第二排石柱极其简单朴素，几乎没有装饰雕刻，后部的圣室宽度占据了三个开间的跨度，中央设门，内部并没有供奉任何神像或象征之物。在圣室两侧的空间留有被一排石柱划分的走廊，这是早期尝试在圣室周围环绕一圈回廊甬道的做法，但是当时并没有成功。柱厅与圣室的墙壁上平滑简洁，几乎没有装饰任何雕刻细节，而在石窟檐口上部的山墙上则雕刻着一排微型亭建筑，这些元素同样出现于五车神庙屋顶中，这说明一些达罗毗荼建筑元素已经开始出现于神庙建筑中（图 2-13）。

第三节　南印度达罗毗荼式神庙建筑的发展与特征

达罗毗荼式神庙是南印度神庙建筑中最主要的一种类型，其分布广泛，几乎覆盖了安得拉邦、泰米尔纳德邦以及卡纳塔克邦北部的大部分地区，在喀拉拉邦较为少见。南印度达罗毗荼式神庙建筑最初是在木构建筑的基础上发展而来，后期逐渐融合了自身特有的建筑元素，包括达罗毗荼式的壁柱等，形成了达罗毗荼

1　王镛. 印度美术 [M]. 北京：中国人民大学出版社，2010.

式神庙建筑独具特色的风格形制。

1. 帕拉瓦王朝时期

（1）早期神庙

在帕拉瓦时期南印度开始了早期神庙建筑的探索。统治者马赫多拉瓦尔曼一世致力于岩石神庙的开凿，其后继者那罗辛哈瓦尔曼一世（Narasimhavarman I）在继续开凿石窟神庙的同时还开始探索从整块巨石中雕凿出神庙。该时期神庙建筑的建造多集中于海滨之都默哈伯利布勒姆（Mahabalipuram），这里是当时繁华的贸易中心，频繁的贸易往来促进了当地宗教文化的交流与发展，使之成为古老的达罗毗荼文化中心以及南印度神庙的诞生地。该地区的五车神庙（Five Rathas）以及海岸神庙（Shore Temple）是早期具有重要影响力的两座神庙。

① 五车神庙

五车神庙由那罗辛哈瓦尔曼一世主持建造于7世纪。它们被称为"拉塔"（Ratha），即战车，是神灵的车乘[1]。这些战车形状与宝塔相似，是从整块花岗岩上雕凿出来的小型神龛，其形式与风格不尽相同。由北至南有四座战车神庙位于一列，分别为：蒂劳柏迪战车（Draupadi Ratha）、阿周那战车（Arjuna Ratha）、毗玛战车（Bhima Ratha）以及哈嘛纳伽战车（Dharmaraja Ratha），第五座略偏西一侧，为萨哈迪瓦战车（Nakula Sahadeva Ratha）。在四座战车神庙与萨哈迪瓦战车神庙之间坐落着狮子与大象的雕像，最东边有公牛南迪的雕像（图2-14）。其中四座战车神庙的名字都以史诗《摩诃婆罗多》中的英雄命名，而蒂劳柏迪战车神庙是以这些英雄的妻子命名的。

蒂劳柏迪战车位于最北边，

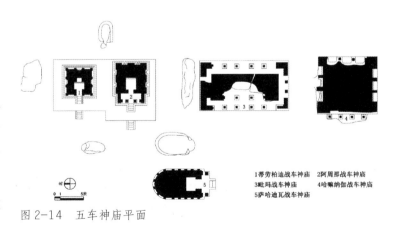

1蒂劳柏迪战车神庙 2阿周那战车神庙
3毗玛战车神庙 4哈嘛纳伽战车神庙
5萨哈迪瓦战车神庙

图2-14 五车神庙平面

1 Adam Hardy .The Temple Architecture of India[M]. England: John Wiley & Sons Ltd, 2008.

是其中最小的一座神庙，与阿周那神庙一起坐落于四周雕刻有狮子与大象的基座上。其平面为方形，内部是一个小圣室，屋顶类似于早期木结构民居的四坡顶，外墙与圣室顶部天花上雕刻着不同的神灵，神庙入口对面的狮子雕像说明这座神庙是供奉杜尔伽女神的。阿周那战车的平面为方形，由门廊与圣室组成，上部角锥形毗玛那分为两层塔拉，每层塔拉由微型亭组成，顶部覆盖有八角形盖石，整体组成了南方式印度教神庙的原形。神庙外墙上雕刻着湿婆、公牛以及因陀罗等神像。毗玛战车是五座神庙中体量最大的一座，其平面为长方形，内部为实体结构，没有圣室，三面构成一圈回廊，顶部椭圆形筒状屋顶与佛教的支提窟形顶相似。神庙外墙并无雕刻，但上部檐口的支提窗雕刻比较精致。最南边的是哈嘛纳伽战车，方形平面，内部也是实体结构，其形状与阿周那战车相似，但尺寸有所扩大。该神庙可以称为雕刻艺术品，除了每层塔拉都刻有精细的微型亭以及支提窗外，神庙外墙上每个神龛内都雕刻着毗湿奴、梵天以及湿婆的各种形象，十分精彩。偏西一侧的萨哈迪瓦战车其平面类似于佛教的支提窟形式，前面是一个门廊与小型圣室，末端呈半圆形，是实体结构，双层屋顶，上部为筒形拱顶（图2-15）。

五座战车神庙作为南印度早期神庙的探索，其平面形式与内部空间较为简单，甚至有的并没有内部空间，更加注重细部雕刻等外在形象。阿周那战车神庙与哈嘛纳伽战车神庙的角锥形毗玛那奠定了南印度神庙建筑的基础形式，而毗玛战车神庙的建筑形式又为后期南印度神庙建筑入口处的山门形式提供了原型（图2-16、图2-17）。

②海岸神庙

海岸神庙坐落于风景优美的孟加拉海湾海边，它是由那罗辛哈瓦尔曼二世于8世纪建造的。这座神庙由三间神殿组成，其名称来源于神庙建造者不同的称号（图2-18）。入口朝向东面海边的较高大的殿堂是供奉湿婆林伽的刹帝利辛哈希瓦拉

图2-15　五车神庙

图 2-16 毗玛战车神庙

图 2-17 哈嘛纳伽战车神庙

神殿，由一个门廊与圣室构成，圣室外环绕有一圈回廊，其结构形式与早期五车神庙中的哈嘛纳伽战车神庙相似，四层毗玛那上部覆盖了八角形盔帽状的盖石，底层毗玛那四角雕刻有四头狮子，第二、三层雕刻着车篷形与盔帽状的微型亭，第四层四角还刻有矮小的人物雕像，雕刻题材丰富。圣室内部供奉的林伽后面是一幅湿婆与妻子帕拉瓦蒂及其大儿子战神的雕像。中间的神殿是供奉毗湿奴的那罗帕蒂辛哈帕拉瓦神殿，入口朝东，由门廊和圣室组成，屋顶为平顶形式，连接着前后两殿。入口朝向西侧较矮小的殿堂是供奉湿婆的罗阇辛哈希瓦拉神殿，形制与东殿相同，只是体形有所缩减，双层毗玛那上部覆有盔帽状盖石。西殿前方是一座矮墙砌筑的庭院，上部排列着一圈公牛雕像（图 2-19）。

　　海岸神庙在历经多年的海盐风化后，外部的轮廓已变得模糊不清，透露着一股浑然天成的气息。为了减少这座神庙受到海风侵蚀的程度，如今已在神庙周围覆盖了葱绿的草地，营造出自然优美的环境。海岸神庙作为南印度石砌神庙的早

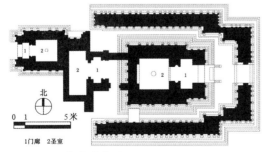

北

0　1　　　5米

1门廊　2圣室

图 2-18 海岸神庙平面

图 2-19 海岸神庙

期实例，确立了达罗毗荼式神庙的基本形制。这三间殿堂即为神庙的前殿、中殿与后殿，只是前殿在后期神庙的发展中演变为高大的山门，中殿的平顶也逐渐转变为毗玛那形式。

（2）后期神庙

帕拉瓦王朝后期的统治者如罗阇辛哈等建造了大量达罗毗荼式神庙，这些神庙主要集中于都城甘吉布勒姆，这座号称"度教七大圣城之一"的古城历来是印度教教徒朝圣的中心。该时期建造的达罗毗荼式神庙形制基本定型，其形制特征表现在：神庙为院落式布局的形式，整体由柱厅以及圣室组成，外围环绕有一圈院墙，院墙主入口设置山门，山门上部的塔楼经一些专家研究认为与吠陀时期村庄入口围栏上部的建筑形式相似[1]。圣室中已出现环绕圣所的回廊甬道，神庙体量较小，山门高度较低。

① 凯拉萨纳塔神庙（Kailasanatha Temple）

凯拉萨纳塔神庙位于帕拉瓦王朝之都甘吉布勒姆，在那罗辛哈瓦尔曼二世与其儿子马赫多拉瓦尔曼三世的相继督促下建于8世纪上半叶。整座神庙由当地的砂石砌筑，只有在基座部分使用了花岗岩。神庙坐西朝东，由马赫多拉瓦尔曼神殿以及主体神殿两部分组成（图2-20）。整座神

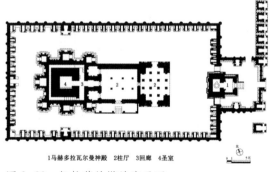

1马赫多拉瓦尔曼神殿 2柱厅 3回廊 4圣室

图2-20　凯拉萨纳塔神庙平面

庙外围环绕一圈院墙，院墙内侧排列有58个小型神龛，院墙外侧壁柱上每隔一定距离刻有跳跃或屈蹲着的雄狮雕像。

入口处的马赫多拉瓦尔曼神殿位于东侧院墙的中央，是一座供奉湿婆的神殿，后期由马赫多拉瓦尔曼三世负责建造，神殿由一个门廊与圣室组成，其结构与五车神庙中的毗玛战车神殿相似，双层屋檐上部覆盖筒状的支提拱顶。马赫多拉瓦尔曼神殿西侧的主体神殿由两座柱厅以及带回廊的圣室组成（图2-21）。第一座柱厅平面为矩形，是马赫多拉瓦尔曼三世时期加建的，为平顶结构，外墙壁柱上

1　[意]玛瑞里娅·阿巴尼斯.古印度——从起源至13世纪[M].刘青，张洁，陈西帆，等译.北京：中国水利水电出版社，2005.

雕刻着跳跃或屈蹲着的狮子以及印度教诸多神灵的神像（图2-22）。

　　柱厅通过后壁中央的门洞与第二座柱厅相连接，第二座柱厅南侧中央设置入口以及外廊与室外相通，上部屋顶与第一座柱厅等高。与第二座柱厅相连的是主殿，方形平面，主殿的双层石壁构成了一个回廊甬道。最内部是圣室，里面供奉着一个巨大的林伽与尤尼，圣室后墙上雕刻着湿婆家族的神像。主殿的形式模仿了五车神庙中的哈嘛纳伽战车神庙，上部角锥形毗玛那分为四层塔拉，每层都由多个微型亭组成，顶部覆盖着八角形盖石。凯拉萨纳塔神庙较海岸神庙在设计上有进一步发展，表现在圣室的四个角落及南、北、西三侧中央都凸出了一个方形配殿。此外，在圣室的东侧亦设置两个方形配殿，与柱厅相连。神庙东侧院墙中央的马赫多拉瓦尔曼神殿外部设置有一个主入口山门，高度较低，体量较小。山门右侧排列有六个小型神龛，内部供奉着湿婆林伽，这些小型神龛表明在此时已经开始建造双重院墙，只是在这座神庙中并没有完工。

　　令人惊叹的是神庙院墙内侧的58个小型神龛内部的雕刻十分精致，甚至还保存有珍贵的壁画（图2-23）。

图2-21　凯拉萨纳塔神庙带回廊的圣室

图2-22　凯拉萨纳塔神庙雄狮柱与神圣组合

图2-23　凯拉萨纳塔神庙珍贵的壁画

其中的雕刻主题围绕着湿婆与妻子帕拉瓦蒂以及他们的儿子战神组成的神圣家庭的事迹，形式迥异，展现了帕拉瓦雕刻的辉煌成就。凯拉萨纳塔神庙的建造标志着南印度达罗毗荼式神庙形制的基本定型。

综上所述，帕拉瓦王朝时期确立了达罗毗荼式神庙的基础形制，开启了南印度神庙建筑发展的新纪元。默哈伯利布勒姆的五车神庙作为南方式神庙的初期探索，是南印度神庙发展的原型。海岸神庙是从石窟神庙向石砌神庙的过渡，奠定了南印度神庙建筑的基本形制，即神庙由柱厅以及圣室组成，外围附有一圈院墙，山门位于入口一侧围墙的中央，形式比较低矮，神庙整体规模较小，布局简单。

2. 朱罗王朝时期

朱罗王朝早期的神庙基本沿袭了帕拉瓦神庙的形制，但在平面布局上有所革新。在国王罗阇罗阇一世统治之前，神庙通常为院落式布局，由柱厅以及圣室组成，外围环绕一圈院墙，院墙入口中央设置山门，且院墙内侧附有多个小型神龛，神庙整体体量较小，形式简单。罗阇罗阇一世统治时期，神庙建筑的发展达到了顶峰，此时神庙为了与祭祀仪式的需求相适应，无论是神殿的数量还是空间的尺度都有所增加。其特征可概括如下：神庙以早期的院落式布局为基础，整体由门廊、柱厅、前厅以及圣室组成，院落内部还设置一些小型的附属神殿。此外神庙外围院墙层数有所增加，并且入口处山门的形制发展成瞿布罗（Gopura）的标准形制，但高度仍然较低。

（1）坦贾武尔布里哈迪斯瓦拉神庙（Tanjore Brihadishwara Temple）

布里哈迪斯瓦拉神庙坐落于朱罗王朝的首都——坦贾武尔（Tanjore），大约在公元1000年，国王罗阇罗阇一世为了纪念与德干地区遮娄其人战争的胜利，下令在都城建造了这座神庙，也被称为罗阇罗阇希瓦拉神庙或是坦焦尔大塔[1]。神庙由附近地区开采的花岗岩砌筑而成，因其巨大的体量而颇具威严的气势。

布里哈迪斯瓦拉神庙是一座院落式的神庙综合体，坐西朝东，双重山门、南迪亭以及主体神殿依次排列于东西向的轴线上，外围环绕着双重围墙（图2-24）。主入口山门位于东侧，第一座山门被称为喀拉拉安哈贡（Keralaanthagan）山门，意为喀拉拉的破坏者，是在战胜喀拉拉的国王后建造的。山门位于外侧围墙中央，平面为矩形，墙壁上装饰着壁柱，上部五层高，每层由微型亭组成，顶部覆

1　Krishna Deva.Temples of India[M]. New Dehli: Aryan Books International, 2000.

盖着筒形拱顶，并雕刻着各种
神灵的雕像（图 2-25）。第二
座山门以当时的国王罗阇罗阇
命名，其形式与第一座相同，
但高度较矮，与之相连的围墙
内侧环绕一圈双重柱廊，将四
周的一些小型神龛串联起来。
南迪亭位于山门与主体神殿之
间，坐落于一座大型平台上，
平面为方形，四周开敞，内部
供奉着公牛南迪的塑像。主体
神殿由门廊、两座串联的列柱
大厅、前厅以及带有回廊的圣
室五部分构成。门廊为"T"
字形布局，四周开敞，前端设
有台阶，上部为平屋顶（图
2-26）。第一座柱厅为矩形平
面，平屋顶形式，内部由多根
立柱围成一个狭小的通道，南
侧与北侧墙上都开设有几个窗
洞。后一座柱厅为方形平面，
内部排列着 36 根立柱，柱厅
前部为平屋顶，尾部高度有所
增加，以缓解后部高大的毗玛
那形成的视觉上的突击。两座
柱厅由多个佛龛单元组成，外
壁上装饰有壁柱，底部基座被
横向的线脚分割成两层，上层

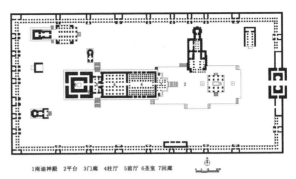

1南迪神殿　2平台　3门廊　4柱厅　5前厅　6圣室　7回廊

图 2-24　布里哈迪斯瓦拉神庙平面

图 2-25　布里哈迪斯瓦拉神庙第一座山门

图 2-26　布里哈迪斯瓦拉神庙主体神殿

装饰着无数狮子与大象的雕像。连接柱厅与圣室的是一座狭长的前厅，左右两侧
分别设置可通向外部庭院的大门。圣室平面为方形，四边中央设门，内部环绕一

圈回廊，圣室内供奉着象征湿婆的林伽，由于其高度较大，因而圣室内部设置了二层回廊来配合洒水等仪式的需求。从外壁上可以清晰地看出殿身由两层佛龛单元构成，佛龛上装饰着壁柱，内部摆放着印度教神灵的雕像。圣室上部的毗玛那高达60多米，有13层塔拉，逐层递收，每层都排列着微型亭，横向的线条打破了高大的毗玛那形成的垂直感。圣室顶部覆盖着一个大型的盔帽状盖石。神庙院落内还有一些后来增加的神殿，它们都是主体神殿的小型复制品。

坦贾武尔的布里哈迪斯瓦拉神庙是南印度达罗毗荼式神庙的典型实例，其体量规模相对早期朱罗王朝的神庙有所扩大。神庙中两座山门的形式成为后期南印度神庙入口的醒目造型，称为"瞿布罗"，只是在这座神庙中其高度并不是很大。

（2）阿伊拉瓦提休巴拉神庙（Airavateswar Temple）

阿伊拉瓦提休巴拉神庙位于泰米尔纳德邦的达拉苏拉姆（Darasuram）地区，它是由国王罗阇罗阇二世建造的，大约建于12世纪中叶。

这是一个由位于东西向轴线上的两座小型神殿、山门以及主体神殿组成的院落式神庙综合体，院落内部还附有一些小型神殿（图2-27、图2-28）。在神庙入口东侧有一座大型的山门，但它的上部结构已不存在，其原型可以根据内部的山门来判断。这座山门应是神庙的第一座山门，与其相连的围墙也已不存在。现存完整的山门为第二座山门。山门之

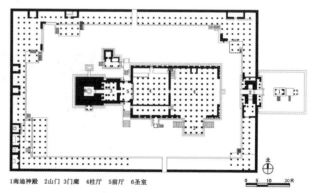

1南迪神殿　2山门　3门廊　4柱厅　5前厅　6圣室

图2-27　阿伊拉瓦提休巴拉神庙平面

图2-28　阿伊拉瓦提休巴拉神庙内部

前有两座小型神殿，一座是
南迪神殿，底部基座用莲花
花瓣装饰，上部供奉着神牛
南迪的雕像，另一座神殿内
部雕刻着吹奏海螺的希瓦－
加纳（Siva-gana）的侏儒形象。
两座神殿南侧都与石头砌筑
的台阶相连，台阶上雕刻着
微型人物的各种舞姿与吹奏
乐器的雕像，表明了这座神
庙的装饰主题是永恒的愉悦。
第二座山门平面为矩形，底
部基座上排列着一排立柱，
支撑着上部结构，立柱上雕
刻着一些印度教神灵夫妻的
图像。山门上部有两层，装
饰着不同姿态的印度教神灵
的雕刻，顶部覆盖着筒形拱
顶（图2-29）。紧靠神庙院
墙内部的部分双重柱廊已被
扩大成舞厅或者举行某种仪
式的较大空间，院墙顶部一
圈装饰着伏卧着的南迪雕像。

图2-29 神庙入口南迪神殿及山门

图2-30 主体神殿入口门廊

主体神殿由门廊、两座
柱厅、前厅以及主殿构成。
与通常的平面布局不同，门
廊位于柱厅的南侧，矩形平
面，是一个由12根立柱支撑
的开敞空间（图2-30）。外
侧一圈的八根立柱底部雕刻

图2-31 主体神殿第一座柱厅

着曲蹲的长着象鼻的动物，它们坐落在装饰着莲花的底座上。这些立柱展示了早期的菩提卡装饰（Bodhika-decoration），在朱罗王朝后期以及维查耶纳伽尔王朝时期发展成莲花装饰[1]。内部的四根立柱每根都分成五段，三段矩形与两段多边形相互间隔。矩形的部分每面都雕刻着一些神话故事中的场景：帕拉瓦蒂的苦行、神灵为湿婆的儿子祷告、鸠摩罗（Kumara）的诞生等。门廊的基座上雕刻着精致的车轮与飞奔着的烈马，表现了疾驰的战车形象，其左右两侧与台阶相连，栏杆上装饰着卷曲的象鼻以及骑着大象的侏儒雕像。第一座柱厅与门廊衔接，为方形平面，内部排列着无数根石柱。柱厅内部的雕刻十分精致，立柱上雕刻着匍匐植物的图案，这些圆形的图案形成了人物各种各样的舞蹈姿态，有些甚至形成了神灵的形态（图2-31）。柱厅的天花板上被分割成方形与矩形两种形式，几乎每个方形与矩形的版块中央的图案都雕刻着舞蹈与演奏乐器的场景。柱厅正对着入口的一侧中央开敞，两端外壁的神龛内部摆放着两个侏儒守卫的塑像，它们是用高品质的黑色玄武岩雕刻而成，与其他轻微油漆过的花岗岩雕刻成的效果不同。第二座柱厅是封闭式的，内部立柱的形式相对有些简单，尽管如此，这些多边形的形状以及顶部莲花花瓣的装饰，与遮娄其神庙内立柱的风格有些相似。柱厅内部神龛中摆放着湿婆妻子提婆戴着莲花、欢喜自在崇敬地站立着的雕像，另一侧神龛内摆放着圣徒卡纳帕（Kannappa）与湿婆坐立的雕像，北部的中央还建有一个献给湿婆妻子提婆的临时小室。前厅连接着第二座柱厅与主殿，其左右两侧都设有通向外部院落的大门，与台阶相连。主殿由门廊与圣室构成，门廊的空间相对较大，高度达三层，对前部柱厅与后部较高的毗玛那形成视觉上的缓冲效果，使得神庙不同部分高度的转变更加平衡。圣室平面为方形，内部供奉着湿婆林伽。圣室上部的角锥形毗玛那有5层塔拉，高度达25米，每层都由佛龛单元及微型亭组成，神龛内摆放着印度教神灵各种形态的塑像，角锥体顶部是一个较大的半球状盖石，角锥体毗玛那的外轮廓线通过四个角落的八边形微型亭得到了缓和（图2-32）。圣室北侧的基座中央设有一个排水管道，被设计成一个妖怪的形状，用于解决主殿内给神像洒水的水流排放问题。

综上所述，朱罗王朝是南印度神庙发展的辉煌时期。朱罗王朝早期的神庙形

1　A Sundara. World Heritage Series Pattadakal[M]. New Delhi:The Director General Archaeological Survey of India, 2008.

式比较简单，在沿袭帕拉瓦王朝晚期神庙形制的基础上有所革新，但到了朱罗王朝中期，南印度神庙建筑的规模开始扩大，形成了双重山门与围墙环绕的大型院落布局形式。与此同时，神庙建造更加注重主殿上方毗玛那的高度，尤其是坦贾武尔的布里哈迪斯瓦拉神庙，60多米高耸的毗玛那至今仍然保持着南印度神庙中最高的纪录。在朱罗王朝后期，建造巨大的毗玛那已变得不那么重要，此时更加注重扩大神庙建筑的范围以及追求精细的雕刻艺术。

图 2-32　主体神殿圣室

3. 潘迪亚王朝时期

潘迪亚王朝时期建造的神庙数量不多，主要集中于泰米尔纳德邦的马杜赖与蒂鲁内尔维利（Tirunelveli）地区附近。这些神庙的规模不大，主要由前厅与圣室组成，高度大多为两层或三层，主殿高度达到朱罗王朝神庙高度的极少。在后期，这些神庙成为大型神庙综合体中的一部分[1]。其中比较著名的是拉梅斯沃勒姆（Rameswaram）的拉玛纳萨神庙综合体（Ramanatha Complex Temple）中的四座湿婆神殿与马杜赖附近的阿拉伽科维尔神庙群（Alagarkovil Temple）中的带有圆形毗玛那的湿婆神庙[2]。

潘迪亚王朝时期对神庙建筑的贡献主要是在朱罗王朝神庙的基础上做了一些改进，比如修建围墙，增加神殿与柱廊，尤其注重对神庙入口处山门的处理。此时山门高度向更加高耸的方向发展，超越了主殿毗玛那的高度，成为南印度神庙建筑中最醒目的构件，被称为瞿布罗或门塔。门塔底部通常为单层或两层的基座，中央为入口门洞，上部是逐层向上递收的角锥体塔楼，顶部覆盖着筒形拱顶，上部冠有一排装饰。门塔基座通常由石头砌筑而成，上部结构由砖材砌筑，并涂

1　Krishna Deva. Temples of India[M]. New Delhi: Aryan Books International, 2000.

2　James Fergusson, James Burgess. The Cave Temples of India[M]. London: Cambridge University Press, 1880.

有一层灰泥，这种做法是为了减轻门塔上部结构的重量，使整体结构趋于平稳。塔楼外表面通常装饰着诸多印度教神灵的雕塑，夺人眼球。在国王孙达拉·潘迪亚一世（Sundara Pandya I）统治时期，增修了较多的神庙门塔，主要位于泰米尔纳德邦。例如斯里兰格姆（Srirangam）的金布凯希瓦拉神庙（Jambukesvara Temple），在大约公元1230年增建了一座门塔——孙达拉·潘迪亚门塔。大概同时期在吉登伯勒姆（Chidambaram）的歌舞欢神神庙（Nataraja Temple）东侧院墙上增加了一座门塔，矩形基座上耸立着41米高的塔楼，共7层，外表面装饰的雕塑纷乱繁杂，出现了一些蛇形图案等新的装饰（图2-33）。

图 2-33　歌舞欢神神庙东侧山门

4. 维查耶纳伽尔王朝时期

维查耶纳伽尔王朝时期神庙建筑的发展主要体现在对潘迪亚神庙高大的门塔瞿布罗的进一步发展以及多重列柱的柱廊与大厅曼达坡的增建，规模较大，有的被称为百柱殿或千柱殿[1]。这些神庙恢复了使用花岗岩建造的习俗，在平面、设计以及雕塑方面有其自身的特点。神庙门塔的高度都较高，并且更加追求雕刻的精细，位于安得拉邦塔德帕特里（Tadpatri）地区的罗摩林伽斯瓦拉神庙（Ramalingeshvara Temple）的北侧山门上的雕刻极尽繁复，山门只完成了底部的石砌基座，灰绿色的花岗岩基座高达8米，多道横向的线脚将带尖拱的佛龛与壁柱相互连接，并雕刻以宝石、花瓣、漩涡形花饰以及动物为主题的装饰，整体显得繁密杂乱[2]（图2-34）。此外，在神庙主殿的北侧设置一个单独的女神殿，内部供奉主神妻子的神像，她与主神在礼拜仪式中享有同等重要的地位。随着神庙

1　James Fergusson, James Burgess. The Cave Temples of India[M]. London: Cambridge University Press, 1880.
2　Geogre Michell. Architecture And Art of Southern India[M]. London: Cambridge University Press, 1995.

宗教仪式的更加复杂化，神庙院落中增加了许多附属神殿与柱厅，这些大厅是教徒的集会中心，用于举行各种各样的节庆活动、宗教教育或是音乐表演等活动，其中最重要的是婚礼殿堂，由一个开敞的柱厅与一个基座平台组成，内部中央摆放主神与其妻子的神像，印度教

图2-34 罗摩林伽斯瓦拉神庙山门基座

徒在这里为他们举行一年一度的婚礼纪念活动[1]。这些神庙建筑群内的柱厅不仅高度增加，内部的装饰更加精致，尤其是在婚礼殿堂以及主殿前的集会大厅内部，其立柱与扶壁上的雕刻极尽繁复。

（1）维塔拉神庙（Vittala Temple）

维塔拉神庙坐落于卡纳塔克邦栋格珀德拉河南岸的亨比古城，始建于提婆拉亚二世（Devaraya II，1422—1446）时期，但在克里希那提婆·拉亚时期得到了大规模修建，最终成为一个大型的院落式神庙综合体。神庙坐西朝东，主要由山门、主体神殿以及四周散布的一些开敞式柱厅与神殿构成，外围环绕有一圈院墙。东侧主入口山门、伽鲁达（Garuda）神殿以及主体神殿

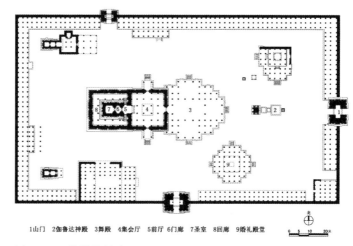

1山门 2伽鲁达神殿 3舞殿 4集会厅 5前厅 6门廊 7圣室 8回廊 9婚礼殿堂

图2-35 维塔拉神庙平面

1 M S Krishna Murthy, R Gopal.Hampi, The Splender That Was [M]. Mysore: Directorate of Archaeology and Museums, 2009.

位于东西向轴线的中央（图
2-35）。

　　神庙东、北及南侧曾
各有一座高耸的山门，但
已遭受较大程度的破坏，
如今只剩下基座以及上部
结构残留的遗迹。神庙四
周的围墙内侧是多重柱
廊，部分柱廊被拓宽作为
举行宗教活动的场地。在

图 2-36　伽鲁达神殿

主体神殿前部座立着一座供奉毗湿奴坐骑金翅鸟——伽鲁达的神殿，这座神殿由
一块完整的岩石雕凿而成（图 2-36）。其平面为方形，由圣室与前部的狭小门廊
组成，基座两侧分别雕刻着两个精致的车轮，使这座神殿成为一辆战车的形式。
神殿顶部原先有一个砖砌的小型塔楼，现已不存。

　　主体神殿由一个列柱大厅（舞殿）、集会厅、前厅、门廊以及带回廊的圣室组成。
列柱大厅是一个大型的开敞空间，过去常常有大量的教徒来这里参加宗教仪式，
为了方便起见，便将列柱大厅建造成完全开敞的形式。大厅底部的基座高 1.5 米，
被横向的基座分隔成几层，底层雕刻着饲养员训练马匹的场景，东、南及北面都
与台阶相连，台阶两侧的栏杆被雕刻成大象与狮子的形象。大厅巨大的开敞空间
由 56 根立柱支撑，中央 16 根，四周 40 根，每根立柱高 3.6 米。通常每根立柱都
是由一整块花岗岩雕刻而成的一个单元，中央粗壮的柱身周围有几根小支柱围绕，
支柱的粗细长短变化不一，立柱上的雕刻十分逼真。当轻轻地敲击这些小支柱时，
它们会发出与优美的印度音乐相似的声音，因而也称为音乐柱[1]（图 2-37）。柱
厅正面中央的柱身上雕刻着毗湿奴不同化身的形象以及虚构的动物的形象。柱厅
顶部为平屋顶，双层的折翼形屋檐十分优美，装饰着细致的雕刻，屋檐下部的滴
水石雕刻与木结构屋檐底部相类似，有着相互交叉的檩条、横梁等。集会厅是一
个小型柱厅，后部连接着前厅，左右两侧分别设置大门，通过台阶通向室外。前

1　M S Krishna Murthy, R Gopal. Hampi, The Splender That Was [M]. Mysore: Directorate of
Archaeology and Museums, 2009.

厅连接着后部的主殿，主殿由门廊与带回廊的圣室组成，方形平面，上部毗玛那为3层。

在院落内部的这些附属柱厅中，婚礼殿堂位于主体神殿的右侧，与列柱大厅相似，也是一座开敞式柱厅，虽然规模不大，但在雕刻方面有过之而无不及（图2-38）。内部中央有一个方形的平台，用于举行宗教仪式，上面的雕刻是神庙中最繁华的，柱厅内部还保留有壁画的遗迹。

图2-37　维塔拉神庙舞殿

（2）维鲁巴克沙神庙（Virupaksha Temple）

维鲁巴克沙神庙坐落于古都亨比的中心地带，宗教氛围浓厚。最早由哈利哈拉兴建，克里希那提婆·拉亚统治时期经过修建与增建扩大了规模，如今是亨比古城中保存最大最完整的神庙，仍然经营着日常生活中的宗教事务。这是一个由两重院落组成的神庙综合体，坐西朝东，外部山门与婚礼殿堂构成了第一个院落，内部山门、南迪神殿、主体神殿以及周围的一些附属神殿组成了第二个院落，两个院落位于同一条东西向的轴线上（图2-39）。

图2-38　维塔拉神庙婚礼殿

图2-39　维鲁巴克沙神庙鸟瞰

外部山门始建于 1442—1446 年期间，在 1510 年由克里希那提婆·拉亚组织修建。山门下部由石头砌筑，两层结构，第二层外部排列着一些神龛与壁柱。上部塔楼由砖砌筑，外部涂以灰泥，有 9 层，高度达 52 米，外部同样排列着神龛与壁柱，但塔楼底层神龛内装饰着一些以宗教性爱为主题的雕刻。维查耶纳伽尔时期的山门有一个明显的特征，即山门顶部中央都有一个单独的顶尖饰。院落内部右侧是一座婚礼殿堂，这座由多根立柱支撑的柱厅东、北两侧完全开敞，其余两侧紧靠围墙，内部北侧是一个高起的平台，用于主持宗教仪式活动。立柱无论是柱式还是雕刻都变化多端，形式多样。

内部山门由克里希那提婆·拉亚建造，其体量相对于外山门显得比较渺小，下部为石砌两层结构，上部的砖砌塔楼只有 3 层。其连接的围墙北、南及西侧都有一圈柱廊。

南迪神殿位于山门的正前方，体量较小，内部供奉着几座由教徒捐赠的南迪雕像。与通常的南迪神殿不同，这座神殿上部是一个塔楼结构，使得神殿由六个部分构成，从下到上依次为：基座、外墙、檐部、塔颈、塔顶以及顶尖饰。南迪神殿之前依次排列有一个旗杆与灯柱，它们也是神庙综合体的一部分（图 2-40）。

主体神殿由列柱大厅、集会厅、前厅及带回廊的圣室四部分组成。

图 2-40 维鲁巴克沙神庙内部院落

图 2-41 神庙内部列柱大厅

列柱大厅是整座神庙中最重要的部分，由克里希那提婆·拉亚组织建造，矩形平面，东、北及南侧中央与台阶相连（图2-41）。底部基座划分有多道横向线脚，但雕刻比较粗糙。这座

图2-42　列柱大厅天花上的婚礼壁画

完全由立柱支撑的开敞空间，形式与维塔拉神庙的列柱大厅相似，内部中央的16根立柱每根都由整块花岗岩雕凿而成，立柱上雕刻着骑手驾驭着后腿跃立的狮子，狮子的嘴部悬挂着铁链，脚下踩着水怪。外围一圈立柱形式不同，一根主柱周围环绕几根支柱，上面装饰着以宗教生活为主题的雕刻，这些柱式是维查耶纳伽尔时期常见的形式。柱厅上部的屋檐略带弯曲，顶部还装饰着带有雕像的神龛，这是维查耶纳伽尔时期神庙的典型特征。此外，列柱大厅的天花顶部装饰着精彩的壁画（图2-42）。集会厅两侧设有出入口及台阶，内部也排列着多根立柱，但规模与列柱大厅相比较小。基座与外墙壁上雕刻着壁柱与小型人物的雕像，其屋顶形式与列柱大厅相同。主殿前厅与集会厅相连，后面是带回廊的圣室，方形平面，内部供奉着象征湿婆的林伽。

　　神庙内部院落的北侧有两座小型的附属神殿，分别为供奉湿婆妻子的帕姆帕代维（Pampadevi）神殿与布凡维护舍利（Bhuvaneshwari）神殿。北侧柱廊中央有一座山门，其形式属于维查耶纳伽尔时期的风格，下部两层石砌基座与上部四层砖砌塔楼。在这座山门右侧是一个附属的大型圣池，旁边还保留着一些早期湿婆神庙的遗迹，这些足以说明亨比古城神庙建筑之历史悠久。

5. 纳亚卡王朝时期

　　纳亚卡王朝时期在泰米尔纳德的韦洛尔（Vellore）、京吉（Gingee）以及马杜赖等地区建造了一些著名的神庙，促进了南印度神庙的进一步发展，将维查耶纳伽尔时期神庙的两大特点发展到了极致，即神庙的门塔瞿布罗发展得更加高耸，

多重列柱的柱廊与柱厅曼达坡规模更加庞大，形成了名副其实的百柱殿、千柱殿形式。有的门塔有16层，高度接近60米，塔楼上装饰着无数灰泥彩塑的印度教诸神的雕像，五光十色，繁复无比。多重列柱的柱廊与柱厅曼达坡形成了更大的空间，有些柱厅的立柱接近1 000根，上面还装饰着繁密的雕刻。例如位于泰米尔纳德邦斯里兰格姆地区的斯里·兰格纳塔斯瓦米神庙（Sri Ranganathaswamy Temple），大约在1590年增建了多重列柱的柱廊，每根立柱上都雕刻着与柱身同等高度的后腿跃立的战马，因而也被称为"马庭"[1]。此外，神庙环绕有多重围墙，连同多重山门形成了一个大型的神庙综合体，占据了一个城市的大部分地区。

（1）加拉坎特斯瓦拉神庙（Jalakanteshwara Temple）

加拉坎特斯瓦拉神庙坐落于泰米尔纳德邦韦洛尔城堡的东北角，始建于14世纪，17世纪时期经加建而形成现今较大的规模。这是一座院落式布局的神庙组群，位于一个下沉式的庭院中，主要由主体神殿、舞蹈湿婆神殿、柱厅、附属神殿、柱廊等构成，神庙外围环绕有双重院墙（图2-43）。

外围院墙东侧耸立高大的塔楼瞿布罗，上部有7层塔拉，表面饰以灰泥，并装饰着无数神灵的塑像（图2-44）。外围院落内侧有一圈柱廊，紧靠院墙东南角布置有一座婚礼殿堂。这座大型的开敞式柱厅是在维查耶纳伽尔时期建造的，内部排列有多根石柱，形式多样，

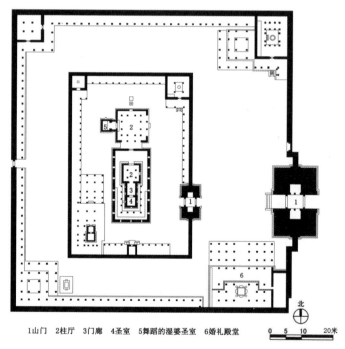

1 山门　2 柱厅　3 门廊　4 圣室　5 舞蹈的湿婆圣室　6 婚礼殿堂

0　5　10　20米

北

图2-43　加拉坎特斯瓦拉神庙平面

1　Susan L Huntington. The Art of Ancient India[M]. Delhi: Motilal Banarsidass, 2014.

外围一圈石柱上雕刻着跃立的骏马，后背上坐着驾驭的骑士，栩栩如生。柱厅中部是一个高起的平台，周边由石柱支撑，用于举行神灵的婚礼（图2-45）。在这座柱厅的前方有一座圣池，但规模较小，主要用于解决神庙内部的供水问题。院落内部还分散布置着一些小型柱厅与神殿。内部院墙高度较低，入口处的山门也较为低矮，上部毗玛那由四层塔拉构成，同样装饰着印度教神灵的塑像。舞蹈湿婆神殿位于院落中央北部，由柱厅与圣室组成，据资料记载，圣室内部早期供奉着毗湿奴神像，后期改为供奉舞蹈之神湿婆的神像[1]。圣室上部毗玛那较低矮，每层塔拉由微型亭组成。柱厅南部通过门廊连接着主体神殿，由一座小型柱厅、门廊以及圣室构成，外围环绕一圈回廊，整体呈封闭式。在回廊南侧及东西两侧排列着一圈石柱，石柱底部为方形，柱腰及上部都为圆形截面，顶部承载横梁。由于是早期建造的，因而石柱上的雕刻极为朴素，与婚礼殿堂中繁复的柱式形成鲜明的对比。圣室上部的毗玛那高度较低，由

图2-44　加拉坎特斯瓦拉神庙山门

图2-45　神庙内部婚礼殿堂

1　S Suresh Kumar. Vellore Fort and the Temple through the Ages[M]. Vellore:Sthabanam, 2006.

四层塔拉组成，每层排列着萨拉式与库塔式的微型亭，顶部冠以一个盔帽状盖石。在内部院墙四周分布着多个小型的附属神殿以及柱厅，为宗教活动的举行提供了较大的空间。

（2）米娜克希神庙（Minakshi Temple）

米娜克希神庙坐落于南印度著名的印度教圣城——马杜赖的中心地带，始建于7世纪，当时只建造了神庙的主殿部分，规模较小，在潘迪亚王朝、维查耶纳伽尔及纳亚卡王朝时期均有所扩建，形成了如今大型院落布局的神庙综合体。这座神庙综合体坐西朝东，主要由12座山门、千柱殿、湿婆神殿、米娜克希神殿以及回廊环绕的金百合池组成，周围附有一些大大小小的柱厅与神殿，它们都位于三重围墙环绕的院落内（图2-46）。从远处看去，大大小小的山门、柱厅与神殿此起彼伏，不免有些错综复杂的感觉。

神庙外围每侧院墙中央都耸立一座高大的瞿布罗，底部巨大的石砌基座上部耸立高大的砖砌塔楼，塔楼上各层都装饰着彩色泥塑雕像，既有印度教各种神灵，又有王族伉俪、部落首领以及各种神兽等，繁杂浮艳，令人目不暇接。在这四座山门中，南门的塔楼最高，层叠9层，整体高达60米，展现出高耸入云的巍峨雄姿。

神庙主入口位于东侧院墙山门的南边，紧连着阿什达·萨克蒂（Ashta Sakthi）柱厅。柱厅为矩形平面，内部两侧的柱廊形成了中央的走道，两侧雕刻有八位女神神像的八根立柱支撑着上部的拱形屋顶，上面装饰着五光十色的泥塑雕像与彩色壁画，以湿婆与米娜克希的神话故事为主题。这座柱厅早期用于为来自

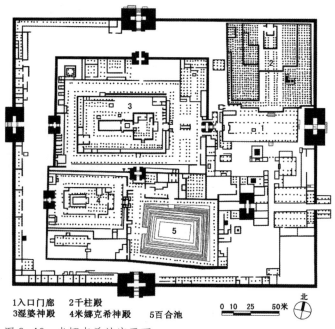

1入口门廊　2千柱殿
3湿婆神殿　4米娜克希神殿　5百合池

0 10 25　50米

北

图2-46　米娜克希神庙平面

远方的信徒提供食物，如今走道两侧已成为销售水果、花环等神庙祭祀物品的商铺，不免有些淡化了神庙的宗教气息（图2-47）。阿什达·萨克蒂柱厅西侧是美丽的金百合池，中央耸立着一个黄铜制成的灯柱，每当信徒进入主殿祷告之前，他们都会在圣池边沐浴，洗涤自己的心灵。圣池四周环绕有一圈柱廊，墙上装饰着描述湿婆各种功绩的壁画，生动逼真，顶部的天花板上装饰着圆形花饰图案，但随着后期的修补，现在的壁画显得过分艳丽浮夸（图2-48）。

图2-47 神庙入口阿什达·萨克蒂柱厅

图2-48 米娜克希神庙金百合池

神庙内部的米娜克希神殿位于圣池西侧，由入口门廊、前厅以及带回廊的圣室构成，外围环绕着一圈院墙，在东、西两侧院墙上设有两座门塔，但高度都不高，院墙内侧还设有一圈柱廊。入口门廊与前厅相连，前厅内部的立柱与顶部天花上的雕刻精彩细致。圣室紧连前厅，为方形平面，上部角锥形毗玛那高度较矮，顶部冠有一个镀金的盔帽状盖石。湿婆神殿位于米娜克希神殿的北部，其规模相对较大，院墙四面设有山门，内部环绕有多重柱廊，与内部主体神殿前方的门廊相互贯通，北侧与西侧院墙内部还散布着几座小型的神殿与柱厅。主体神殿由柱厅、前厅以及圣室组成，四周环绕有一圈柱廊。柱厅平面为长方形，内部摆放着一座舞动的湿婆神像。柱厅后部的前厅连通圣室，圣室为矩形平面，内部供奉着象征湿婆的林伽，两侧还摆放着神像、狮子与神兽的雕像。圣室上部的毗玛那上覆盖着鎏金的盔帽状顶部，高度较低。湿婆神殿通过其正前方的大型柱廊与米娜克希神庙的东侧山门相连。这座大型的柱廊由46根立柱支撑，立柱上的雕刻多以湿婆的神话故事为主题。与阿什达·萨克蒂柱厅相似，这座柱廊两侧布满了销售贡品的商铺，充斥着浓厚的商业气息（图2-49）。

神庙内部的大型柱厅千柱殿位于整个院落的东北角，与东侧山门内的柱廊相连通（图2-50）。千柱殿入口的台阶两侧雕刻着精致的车轮，前方雕刻有两头大象，其形式类似于古时的战车。千柱殿内部排列着985根立柱，每根立柱上都装饰着形态各异的印度教神灵以及神兽等雕刻，多重列柱构成的大型空间无形中增添了一种神圣的宗教气息[1]。近年来，千柱殿已被改造成附属于神庙的博物馆，里面收藏着各种各样的石器雕像与青铜器雕像，这些雕像经常用于神庙举行的宗教活动中。

值得注意的是神庙东侧山门的前部加建有一座大型的富都（Pudu）柱厅，由四排立柱围合成一个四周开敞的大型空间。立柱上的雕刻繁复无比，除了印度教诸神外，还雕刻着赞助神庙的纳亚卡国王的雕像，它们同真人一样大小，都作为米娜克希女神的虔诚信徒。如今这座大型的柱厅已成为一个热闹非凡的商品市场，各式各样的商品琳琅满目，以供奉神灵的贡品为主，这种现象似乎表明了后期的印度教神庙倾向世俗化与商业化，更加贴近人们的生活。柱厅之前还有一座未建成的大型山门，当时只完成了山门的基座部分，这座山门预期高度达到80米，超出所有山门的高度，体现了后期对高耸山门的强烈追求。

（3）斯里·兰格纳塔斯瓦米神庙

位于泰米尔纳德邦的斯里兰格姆是一座天然形成的岛屿，南印度最大的一座神庙综合体斯里·兰格纳塔斯瓦米神庙便坐落于这座岛屿上。据记载，神庙始建于朱罗王朝早期，此后陆续得到扩建，在14世纪时遭受了穆斯林的残酷破坏后

图2-49　米娜克希神庙

图2-50　米娜克希神庙千柱殿

1　T G S Balaram Iyer. History and Description of Sri Minaksh Temple and 64 Miracles of Lord Shiva[M]. Madurai: Sri Karthik Agency.

于 16—17 世纪期间得到了系统的扩建与重建，成为一座巨大的神庙综合体，是该地区主要的毗湿奴教朝圣中心[1]。与大多数神庙的朝向不同，这座神庙坐北朝南，以南北向的轴线为中心，内部主

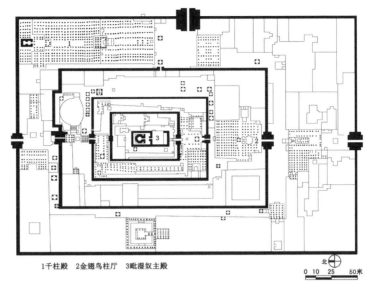

1千柱殿　2金翅鸟柱厅　3毗湿奴主殿

北

0 10 25　　50米

图 2-51　斯里·兰格纳塔斯瓦米神庙平面

要由毗湿奴主殿、千柱殿、大大小小的柱厅、神殿以及圣池组成，它们都被环绕在七重院墙围绕的院落内，院墙上耸立着高低有别的门塔。如今神庙外围三重院墙已与城镇混为一体，内部四重院墙依然清晰明了。最外围的院墙规模庞大，其长度达 878 米，宽度为 754 米，在最外围院墙环绕的区域中还分布着居住区与商业区，使这座神庙综合体宛如一座小型城镇（图 2-51、图 2-52）。

神庙多重环绕的院墙上共有 21 座山门，其中最外围院墙主入口的拉贾哥普兰（Rajagopuram）门塔是所有门塔中最高的一座，始建于维查耶纳伽尔国王阿丘塔·提婆拉亚（Achyuta Deva Raya）统治时期，在其逝世后由于某些政治原因一

图 2-52　斯里·兰格纳塔斯瓦米神庙

1　Surendra Sahai. Temples of South India[M]. New Delhi: Prakash Book India Pvt Ltd,2010.

直处于停滞状态，直到 1987 年才建造完成。山门底部巨大的石砌基座上雕刻着繁密的壁柱与神龛，上部的砖砌塔楼有 13 层，逐层向上递收，高度达 78 米，顶部的筒形拱顶上方装饰着一列尖顶饰，塔楼与拱顶都装饰着五光十色的泥塑雕刻，更具世俗化的气息。高耸的门塔已成为整座神庙群最醒目的标志，更是整个印度最高大、最壮观的山门（图 2-53）。其余 20 座山门大致都建于 14—17 世纪，位于第四重院墙东侧入口处的山门别具特色，其上部的角锥体塔楼相对而言较为陡峭，高度达 44 米，而且外部涂有一层白色的泥塑，在蓝天白云的映衬下显得与众不同。神庙内部的千柱殿位于第四重院墙内的东北角，建于纳亚卡王朝时期。内部由 953 根立柱排列组成一个大型的开敞空间，中央布置一个大型平台，用于举行隆重的宗教仪式，平台前后连通一条狭长的通道。这些立柱都是由整块的花岗岩雕刻而成，后腿跃立的战马位于基座之上，马背上是英勇的战士，战马的前蹄踩踏着后腿站立的猛虎头部，动态感十分强烈，因而也被称为"马庭"（图 2-54）。第三重院墙的南侧坐落着一座供奉毗湿奴坐骑——金翅鸟的柱厅，是纳亚卡王朝时期加建的，中央一排立柱上雕刻着威严肃穆的人物塑像。柱厅内部有一个独立的神龛，里面摆放着一个大型的金翅鸟端坐着的雕像，虔诚地注视着北部的毗湿奴神殿。

毗湿奴神殿是整座神庙综合体中最古老的建筑，位于最内部的院落中央，主要由柱厅、前厅及圣室组成，周围分布着一些小型的柱厅与神龛，东西两侧院墙中央各设有一座山门。柱厅通过入口门廊与东侧山门相连，底部基座东侧的台阶

图 2-53　神庙拉贾哥普兰山门　图 2-54　神庙内部千柱殿

两侧的扶壁上雕刻着神像，十分精细。柱厅内部的石柱设计展现了纳亚卡王朝时期石柱的典型风格，通常是在柱基之上雕刻后腿跃立的战马，周围附有几根小支柱[1]。柱厅内部中央有一座高起的平台，主要用于举行重大的宗教仪式。后部的圣室通过前厅与柱厅相连，方形平面，上部角锥形毗玛那上冠有一个鎏金的筒状拱顶，顶部装饰有一列尖顶饰，圣室的高度与周围高耸的门塔相比略显渺小。圣室内部摆放着毗湿奴斜倚着蛇神阿南塔（Ananta）的雕像，旁边还有创造之神梵天、神猴哈奴曼（Hanuman）以及金翅鸟伽鲁达的雕像。

整体而言，南印度达罗毗荼式神庙的发展经历了早期小规模的院落式布局到中期大规模体量的布局以及高耸的山门瞿布罗的形成，至中世纪后期由主体神庙以及无数附属神殿、柱厅等组成的大规模神庙群，南印度达罗毗荼式神庙建筑的规模形制逐渐定型。其特征主要如下：

① 圣室：平面较为规整，通常为方形或矩形的形式，殿身上的佛龛单元都为简洁的达罗毗荼式佛龛单元，并无错列式佛龛的形式；圣室上部毗玛那结构呈四角锥形，每层塔拉由下至上逐层向内递收，其构成单元微型亭的数目逐层递减；圣室高度在朱罗王朝时期发展到顶峰，后期圣室毗玛那高度较为低矮。

② 山门：入口山门为高大的塔楼瞿布罗，底部为矩形的石砌基座，上部耸立高大的砖砌塔楼，饰以繁密的灰泥雕塑，整体是一个较注重装饰的长方形框架，后期塔楼高度的增加使之成为整座神庙的标志性构件；塔楼上装饰的五光十色的雕塑在夸耀富丽堂皇的印度教万神殿的同时不免透露着一种缺乏生气的气息。

③ 整体：神庙整体为院落式布局，院落内部除主体神殿外设有一些附属柱厅、柱廊以及神殿等，外围环绕有单层或多层院墙，规模较大，后期甚至发展成神庙镇、神庙城的规模；神庙材质以花岗岩为主，整体呈现出一种轮廓挺劲、庄严雄伟的气势。

第四节　南印度遮卢亚式神庙建筑的发展与特征

遮卢亚式神庙是南印度神庙建筑类型的一个小分支，在南印度分布范围较小，主要集中在卡纳塔克邦的北部、安得拉邦以及特伦甘纳邦的部分地区。早期这里在德干地区统治者的控制下，处于印度北部与南部地区的中间地带，因而遮卢亚

1　Adam Hardy. The Temple Architecture of India[M]. England: John Wiley & Sons Ltd, 2008.

式神庙在发展过程中毫无避免地受到北方风格以及南方风格的双重影响，逐渐形成混合式的神庙建筑风格，在后期更加表现出南方达罗毗荼式的风格特征。

1. 早期遮娄其王朝时期

（1）早期神庙

早期遮娄其王朝神庙建筑的最早探索开始于艾霍莱地区，大约在 4 世纪就已大量建造。艾霍莱地区位于砂石丘陵地带，曾经建造了 70 多座神庙，现存的还有50 多座，这些神庙由于是早期的试验之作，并未形成稳定的形制，其风格模仿吸收了北印度神庙的建筑风格。

① 拉德坎神庙（Lad Khan Temple）

拉德坎神庙约建于公元425—450年，是南印度艾霍莱地区保存最古老的神庙。这是一座低矮的平顶神庙，它的平面由一个门廊、方形的柱式大厅以及紧靠后墙中央的圣室构成（图 2-55）。东边的主入口门廊内部有 12 根石柱，一直通向内部的柱厅，柱厅内部中央供奉着湿婆坐骑公牛南迪的神像，后墙中部紧靠着一座圣室，里面摆放着象征湿婆的林伽。其平面布局与佛教建筑中毗诃罗的平面形制十分相似，由此可以看出早期神庙的形制是由先前佛教建筑中的毗诃罗形式演变而来的。拉德坎神庙屋顶上部还有一个方形塔楼，用来表明神庙内供奉的神像的位置所

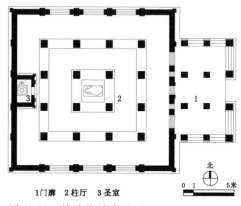

1 门廊　2 柱厅　3 圣室

图 2-55　拉德坎神庙平面

在，这种形式成为后来中世纪印度教神庙建筑的重要特征。在神庙柱厅的外壁上镶嵌着镂空花格的石屏，为神庙作为神灵的居所增添了隐秘性（图 2-56）。

作为南印度神庙建筑最早的尝试，拉德坎神庙体量较小，平面布局简单，圣室被安排在紧靠神庙的后壁，信徒无法围绕圣室进行祭拜，与后期熟知的以曼陀罗图形为依据的中心式布局理念不同。由此可见，处于初级阶段的神庙设计理念有待调整与完善。

② 杜尔迦神庙（Durga Temple）

杜尔迦神庙坐落于卡纳塔克的艾霍莱地区，约建于公元550年。该神庙早期是一座毗湿奴神庙，但后来用于供奉杜尔迦女神。神庙由红砂石建造，坐落在一座台基上。它的平面相对早期拉德坎神庙有了进一步发展，由门廊、柱厅、末端呈半圆形的圣室以及回廊组成，其平面形式来源于佛教建筑中的支提窟（图2-57）。由东侧入口处的台阶而上进入门廊，门廊由12根石柱构成，后部是8根列柱组成的柱厅，最内部是圣室，里面供奉着林伽和尤尼的结合。神庙最外围一圈是由多根立柱排列组成的外廊，柱厅与圣室之间又环绕一圈内廊，内廊与柱厅内部可以通过格子窗获得外部的光线。圣室顶部上方有一座小型的塔楼，这种形式是北方式悉卡罗结

图2-56 拉德坎神庙

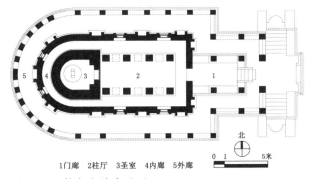

1门廊 2柱厅 3圣室 4内廊 5外廊

图2-57 杜尔迦神庙平面

图2-58 杜尔迦神庙

构的早期形制，表明神庙内部供奉神像所在之处。内廊与外廊的上部顶棚相对比较低矮，不同的顶棚高度构成了神庙丰富的内部空间（图2-58）。此外，杜尔迦神庙的雕刻令人赞叹，神庙内部的壁龛上雕刻着杜尔伽女神手持兵器。左脚踩踏水牛怪的动态形象，惟妙惟肖（图2-59）。天井处的雕刻更加精彩，描绘了一幅

成对的飞天在云朵间自由舞动的场景。

　　整体而言，杜尔迦神庙改变了拉德坎神庙中圣室需要在前部绕道的形式，并且在前方后圆的圣所外部环绕有一圈回廊甬道，一直延伸至前部的矩形柱厅，这种平面形式在早期神庙建筑中比较常见。

　　（2）后期神庙

　　公元 6 世纪中叶，早期遮娄其王朝定都于巴达米，并且向东扩展领域至安得拉邦以及特伦甘纳邦。然而在公元 642 年，帕拉瓦王国的统治者侵占了都城巴达米，迫使早期遮娄其王国迁都于帕塔达卡尔（Pattadakal）。直到公元 655 年，戒日王维克拉姆蒂亚一世（Vikramaditya I）击退了帕拉瓦人，才重新

图 2-59　杜尔迦女神雕刻

夺回了巴达米的统治权。公元 731 年，遮娄其王国讨伐了帕拉瓦的都城甘吉布勒姆，并取得了胜利，同时也带回了一些当地的神庙建筑师，因此后期的神庙建筑开始受到南印度达罗毗荼式风格的影响。总体而言，这一时期的神庙既发展了北印度那迦罗式的风格，也发展了南印度达罗毗荼式的风格；同时由于南北方学派的交流，出现了兼有达罗毗荼式与那迦罗式风格的建筑要素，开始了混合式神庙的最早探索[1]。

　　① 斯瓦尔伽梵天神庙（Svarga BrahmaTemple）

　　斯瓦尔伽梵天神庙坐落于特伦甘纳邦阿伦布尔（Alampur）地区的一座神庙群中，位于栋格珀德拉河北岸，由于地处偏僻，因而这里人迹罕至，到处洋溢着静谧祥和的气息。神庙由国王毗奈耶阿迭多一世（Vinayaditya I）的王后建于公元 689 年，尽管以梵天命名，但却是供奉湿婆的神庙，模仿了当时北印度流行的那迦罗式神庙风格[2]。

　　神庙坐西朝东，主要由门廊、柱厅、前厅以及带回廊的圣室组成（图 2-60、

1　Adam Hardy. The Temple Architecture of India[M]. England: John Wiley & Sons Ltd, 2008.
2　D V Devaraj, Channabasappa S Patil. Art and Architecture in Karnataka[M]. Mysore: Directorate of Archaeology and Museums, 1996.

图 2-61）。前端的门廊是由
六根石柱以及两根附墙柱支撑
的开敞式布局，正立面由四根
石柱组成。石柱的底部与柱头
处的方形体块上都装饰着花瓶
与植物枝叶的雕刻，圆形柱身
上雕刻着多道竖向棱纹，顶部
柱头上承接着横梁，整体比例
较为协调。有所不同的是，这
座神庙的柱厅、前厅以及带回
廊的圣室在内部形成一个互相
贯通的整体，从外部看构成了
一个规则的矩形体块，并无明
显的体块分割。方形的柱厅内
部排列着四排石柱，将柱厅分
隔成中央一条宽敞、两侧两条
相对狭小的走道，石柱与顶部
天花的雕刻多以一些神灵以及
植物图案为主题。柱厅外壁上
排列着一些神龛，神龛的顶部
模仿了北印度希卡罗式的屋顶
形制，并且装饰着一些精灵的
小型雕像。神龛之间镶嵌着一
些镂空的石屏，两侧各雕刻一
对神灵夫妻以及方位之神的神
像。精致绚丽的雕刻展示了当
时艺术家高超的技艺，尤其是
这些神灵夫妻的雕像，是对笈

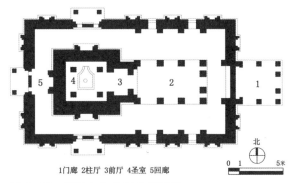

1门廊 2柱厅 3前厅 4圣室 5回廊

0 1 5米

北

图 2-60 斯瓦尔伽梵天神庙平面

图 2-61 斯瓦尔伽梵天神庙

图 2-62 神庙南侧外壁雕刻

多时期雕刻艺术的精湛模仿（图 2-62）。矩形的前厅后部与圣室相连，圣室内部
供奉着象征湿婆的林伽，由于环绕圣室的一圈回廊甬道与前部的柱厅相互贯通，

因而神庙内部整体显得较为开敞。最直接体现那迦罗式神庙风格特征的是圣室上部的希卡罗式屋顶，外轮廓呈曲拱状，形似竹笋或玉米，每侧表面都装饰着横向的线脚，每隔一定距离装饰着牛眼图案（Gavaksha）[1]，顶部冠以一个圆饼状的阿摩洛迦盖石，并饰以一小型的尖顶饰。在希卡罗东侧中央装饰着一个大型的复合式牛眼图案，由多个小型牛眼图案从下至上层层套叠，形成一个上下贯通的整体，加强了垂直方向的构图模式。

②维鲁巴克沙神庙（帕塔达卡尔）

维鲁巴克沙神庙是帕塔达卡尔神庙建筑群中规模最大的一座，由罗卡玛哈德维王后（Lokamahadevi）为了纪念其丈夫维克拉姆蒂亚二世（Vikramaditya II）打败邻国帕拉瓦王国而建造的，大约建于公元740年。据神庙东侧山门上的题名记载，这座神庙由帕拉瓦王朝的著名建筑师冈迪亚（Gunda）设计，而且还从帕拉瓦王国邀请了许多工匠与建筑师共同参与建造，因而这座神庙体现了帕拉瓦王朝的建筑风格，即南印度达罗毗荼式神庙风格[2]。

整座神庙坐西朝东，由山门、南迪神殿以及主体神殿三部分组成，且位于同一条东西向的轴线上。外围环绕有一圈院墙，山门分别设置于院墙的东西两侧入口处（图2-63、图2-64）。山门高度较低，中部是一个由四根方形石柱支撑的柱廊，石柱上雕刻着神灵夫妻的塑像。院墙内部排列有一圈小型的附属神龛，笔者推测是早期信徒修行的场所。现今遗留的院墙只剩南侧的部分。南迪神殿坐落于较高的基座上，为开敞式布局，内部供奉着湿婆的坐骑公牛，由黑色的花岗岩雕刻而成，外表面光滑闪亮。南迪神殿的雕刻比较精致，外壁上装饰着以神灵夫妻以及优雅的少女为主题的雕刻，姿态优美（图2-65）。

主体神殿由门廊、柱厅、前厅以及带回廊的圣室构成，柱厅的东、南、北三侧分别连接一个门廊，整体组成一个十字形的平面布局。每座门廊前部都由两根石柱支撑，连接着台阶，门廊顶部挑出一个卷形的檐口，上部支撑着较矮的山墙。柱厅为方形平面，中部的四排石柱将内部划分成中央"十"字形走道。石柱尽管形式简单，通体呈长方体，但上面的雕刻内容却十分多样。这些浅浮雕多以印度教史诗《摩诃婆罗多》以及《罗摩衍那》中的神话故事为主题，也有一些刻画当

1　Gavaksha，译为太阳的弧形，一种装饰窗，也称为牛眼。

2　A Sundara. World Heritage Series Pattadakal[M]. New Delhi: Archaeological Surcey of India, 2008.

时的国王、王后以及王室人物的形象，栩栩如生。后部的前厅带有两个侧堂，连接着圣室。方形的圣室外围环绕有一圈回廊，上部的毗玛那由三层塔拉构成，每层都排布着微型亭，顶部冠有一个方形的盖石，并且装饰有一个水瓶状的尖顶饰，体现了达罗毗荼式神庙的典型特征。主体神殿坐落于被横向线脚分割的底座上，外壁上分布着多个佛龛单元，内部的雕像十分精彩，那些迂回复杂的线条无形之中赋予雕像柔美的曲线感（图2-66）。佛龛之间的凹壁内装饰着镂空的石屏，形态各异。此外，门廊与柱厅顶部为平屋顶，而前厅的屋顶上部装饰着突起的山形墙，

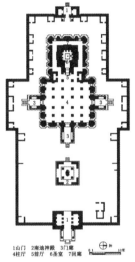

1山门　2南迪神殿　3门廊
4柱厅　5前厅　6圣室　7回廊

图 2-63　维鲁巴克沙神庙平面

图 2-64　维鲁巴克沙神庙

图 2-65　维鲁巴克沙神庙南迪神殿

图 2-66　舞动的湿婆雕像

在后期南印度大型神庙中被称为苏卡纳萨（Shukanasa）[1]，作为平屋顶与向上递收的角锥形毗玛那之间的过渡。

③帕帕纳萨神庙（Papanatha Temple）

帕帕纳萨神庙坐落于维鲁巴克沙神庙的南面，建于7世纪后期至8世纪早期。神庙由门廊、柱厅、前厅以及带回廊的圣室组成，与神庙群中其他神庙不同的是这座神庙的柱厅以及前厅的长度较大，因而神庙整体比例显得很长，其高度相对于长度显得有些比例失衡。神庙坐落在一个较高的平台上，由门廊前端两侧的台阶引导而上（图2-67）。

门廊是由四根石柱支撑的开敞式空间，石柱上雕刻着形态各异的人物雕像，有人身马面的半人半兽相，有体态柔美的女性雕像，也有体态矮小的侏儒侍从雕像。柱厅的平面为方形，内部排列着四排石柱，共16根，支撑着顶部的横梁。与维鲁巴克沙神庙中的石柱不同，这些石柱相对来说没有那么粗壮，柱身通过榫卯的接合技术将底部的凹槽连接至柱基。有趣的是柱身上雕刻着面向走道的男性与女性人物的雕像，其高度统一，都为0.75米。这些姿态优雅的人物雕像似乎正在迎接信徒的到来，为柱厅增添了崇高的气息[2]。在柱厅的中部还摆放了一个真实大小的南迪雕像，形象逼真。前厅平面为矩形，与后部环绕圣室的回廊相互贯通。前厅内部中央排列着四根石柱，顶部天花的中央雕刻着湿婆优美舞姿的形象。透过镂空石窗的缓和的自然光使浮雕产生了明暗阴影的效果，动态感十足。圣室为方形平面，内部供奉着林伽。环绕圣室的回廊西、南及北侧三面中央各设置一个挑出的门廊，墙壁上未设置出入口，因而不具有实际功能，内部供奉着较大的湿婆神像。圣室上部的屋顶为北印度惯用的希卡罗式屋顶，其造型类似玉米形，每面都装饰着横向的线脚，而在中央设置上下贯通的玉米状突

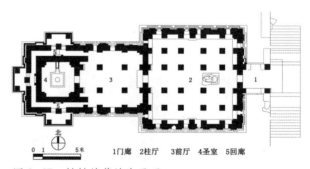

0 1   5米   1门廊 2柱厅 3前厅 4圣室 5回廊

图2-67 帕帕纳萨神庙平面

1 Shukanasa，意指连接平顶的装饰屋瓦。
2 A Sundara. World Heritage Series Pattadakal[M]. New Delhi: Archaeological Surcey of India, 2008.

出物，与屋顶下部的壁龛相呼应，并且装饰着马蹄形窗龛。与维鲁巴克沙神庙相似，在希卡罗屋顶的东侧有一个突出的山形墙，是连接平顶的装饰屋瓦的早期形式。整座神庙的底部基座装饰着多道横向线脚，外壁上排列着

图 2-68　帕帕纳萨神庙

达罗毗荼式的佛龛单元，并且装饰着各式各样以神话故事为主题的雕刻，佛龛间的凹壁内也雕刻着精致的镂空石屏（图 2-68）。

整体而言，帕帕纳萨神庙体现了南印度达罗毗荼式风格与北印度那迦罗式风格相融合的特征。神庙立面中的底座、墙身、檐口以及屋顶中的塔拉结构，包括殿身佛龛单元的排列形式，都体现了南印度达罗毗荼式神庙的形制，唯一不同之处在于圣室上部的屋顶为北印度希卡罗结构形式。作为初期混合式神庙探索的极少实例，这座神庙中达罗毗荼式元素与那迦罗式元素混合的方式较为简单。

2. 后期遮娄其王朝时期

后期遮娄其王朝时期将混合式神庙的风格特征培育到了成熟。究其原因主要是当时南方建筑师学派与北方学派又有了深入交流，北印度的那迦罗式神庙在后期遮娄其王朝的首都卡利亚尼开始发展，当地的贡塔拉德萨（Kuntaladesha）建筑师致力于建造一些混合了南方达罗毗荼元素与北方那迦罗元素的神庙[1]。这些建筑师了解北印度那迦罗式神庙的拉提那式曲线形塔楼、色诃里式聚集的塔楼以及布米迦式的一系列垂直向上的塔楼的排列与组合方式，并将其运用于实践中。初期混合式建筑元素比较单一，通常只用于神庙建筑的外壁装饰上，但随着建造方式的成熟，混合式建筑元素开始多样化，这一时期建造的混合式神庙多集中于卡纳塔克邦的北部地区。

初期的混合式神庙主要是运用那迦罗式的细部元素，例如拉昆迪（Lakkundi）的卡西维希瓦拉神庙（Kashivishveshvara Temple），平面为方形，挑出卷形的檐口，雕刻装饰华丽但有节制。在西侧毗玛那上，中部凸出装饰着一个属于北方风

1　Adam Hardy .The Temple Architecture of India[M]. England: John Wiley & Sons Ltd, 2008.

格色诃里式的佛龛（图 2-69）。随着后期建筑师的不断探索与试验，达罗毗荼元素与那迦罗元素组合的方式趋向多样化，其中最巧妙的处理手法是将达罗毗荼的元素按照那迦罗式的准则来组织，而不只是运用单个那迦罗式的细部元素[1]。成熟形制的混合式神庙特征主要表现在以下几个方面。

图 2-69　卡西维希瓦拉神庙圣室

① 圣室：内部平面规整，外部有折角，呈锯齿形或星形。圣室上部毗玛那呈四角锥形，但具有向圆角锥形过渡的趋势，尽管逐层向上递收，但每层装饰的微型亭数目相同。神庙中的达罗毗荼式佛龛单元以及上部的微型亭构件按照北印度色诃里式神庙中的组织序列来排布，且神庙中部佛龛单元为错列式的形式，整体向前突出。此外，也有柱厅三侧各连接一个圣室的形式。

② 山门：神庙入口处为花饰庙门，与达罗毗荼式神庙中高大的瞿布罗不同，花饰庙门高度通常与院墙等高，且对于其结构造型较为讲究，檐口由石柱支撑，两侧的壁柱、上部门楣等的雕刻都比较精细。

③ 整体：神庙整体为院落式布局，院落内部设置一些附属神殿，外围环绕一圈院墙，规模较大；神庙材质以花岗岩或绿泥片岩为主，尤其是后期采用的绿泥片岩为神庙的雕刻提供了丰富的空间，神庙整体具有强烈的动态之感。

位于南印度卡纳塔克邦北部一个小村庄伊泰崎（Ittagi）的摩诃提婆神庙（Mahadeva Temple）是这种神庙类型的代表。这座院落式布局的神庙群建造于 12 世纪初，享有"神庙中的帝王"之称。神庙坐西朝东，主要由门廊、柱厅、前厅以及圣室四部分组成，位于同一条东西向的轴线上（图 2-70）。

神庙外围环绕有一圈院墙，院落内部布置有两座供奉摩诃提婆父母的附属神殿。方形柱厅与四周的门廊组成十字形的平面布局形式，互相贯通。柱厅内部由 26 根石柱支撑，形成一个开敞的空间。这些用机床加工的石柱采用绿泥片岩作为

1　Adam Hardy .The Temple Architecture of India[M]. England: John Wiley & Sons Ltd, 2008.

材质，易于加工雕凿，因而石
柱上的雕刻精致巧妙，浑然天
成，体现了后期遮娄其王朝时
期辉煌的雕刻艺术。柱厅西侧
的门廊连接着一个封闭式的前
厅，其左右两侧分别连接着门
廊，通向外部的庭院，前厅内
部中央有一个方形平台，四角
由石柱支撑，作为举行宗教活
动的场所，前厅外壁上装饰着
一些库塔式的佛龛，而内部的
墙壁上则比较朴素。前厅后部
通过门廊连接着圣室，圣室为
锯齿形平面，内部摆放有象征
湿婆的林伽。值得一提的是圣
室周边环绕有 13 座小型神殿，
内部都摆放着小型的林伽雕像
（图 2-71）。

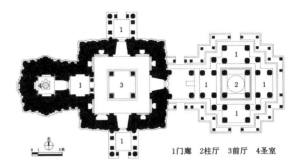

1 门廊 2 柱厅 3 前厅 4 圣室

图 2-70　摩诃提婆神庙平面

图 2-71　摩诃提婆神庙

圣室的组织构成体现了混
合式风格神庙最显著的特征（图
2-72）。底层锯齿形平面的每
边中央都排列了一个双重错列
式的萨拉型佛龛，左右两侧依
次排列着库塔式纪念柱以及库

图 2-72　摩诃提婆神庙屋顶

塔式佛龛。神殿整体由下至上由四层单元组成，按照北印度神庙中常用的色诃里
式的组织序列来排列。中部的构成单元层层堆叠，逐层向上递收，并且装饰着互
相串联的马蹄形图案，从下到上形成互相贯通的形式，由于整体向前突出而强调
了神殿的竖向构图模式。四周的小型构成单元也由下至上依次重叠，并且逐层等
比例缩小，但每层的单元数目相同，形成了聚集式的屋顶形式，这些大大小小簇
拥式的构成单元使神庙整体呈现出一种向上奔腾的动态感。

3. 霍伊萨拉王朝时期

霍伊萨拉王朝时期的神庙建筑在后期遮娄其王朝神庙的基础上出现了一股新的建筑热潮。神庙大都建于 12 世纪至 13 世纪，主要分布在三座都城霍莱比德（Halebidu）、贝鲁尔（Belur）、索姆纳特布尔（Somanathapura）及其附近。这一时期的神庙建筑风格受到达罗毗荼式风格的影响较大，其特征可概括如下：神庙圣室内部平面为规整的方形，外部轮廓呈星形，圣室上部塔楼的形式受到达罗毗荼式塔楼的影响，但也做了较大的改变，保留了层层相叠的模式，但是每层的高度有所降低，后期塔楼每层都被繁密的雕刻所装饰。神庙材质以皂石为主，这种材质便于加工，为雕刻的发展提供了广阔的空间，石柱、天花、柱头托架等都装饰着繁密复杂的雕塑，使得神庙建筑的装饰艺术完全压倒了建筑感[1]。

（1）杰纳卡沙瓦神庙（Chennakeshava Temple）

杰纳卡沙瓦神庙坐落于卡纳塔克邦的贝鲁尔地区，距离汉桑（Hassan）大约 13 公里，是由当时的国王比提伽（Bittideva）组织建造的。他曾是耆那教的信奉者，在受到印度教毗湿奴派的推崇者罗摩奴者的影响后改投印度教，开始推崇毗湿奴教派，并改名为毗湿奴筏驮那（Vishnuvardhana）[2]。这座神庙建于 1117 年，是为了纪念与朱罗王国战争的胜利而建的，但是在 1327 年遭到穆斯林的残酷破坏，后期维查耶纳伽尔国王于 1397 年进行重建，其形式一直保留至今。

整座神庙坐西朝东，主要由门廊、柱厅、前厅以及圣室四部分组成，坐落于一个锯齿形的平台上，位于神庙院落的中央（图 2-73）。神庙外围环

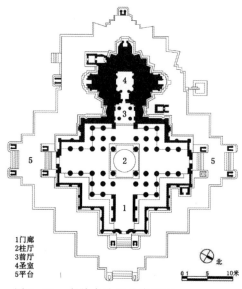

1 门廊
2 柱厅
3 前厅
4 圣室
5 平台

图 2-73　杰纳卡沙瓦神庙平面

1　Krishna Deva. Temples of India[M]. New Dehli: Aryan Books International, 2000.
2　[意]玛瑞里娅·阿巴尼斯. 古印度——从起源至 13 世纪 [M]. 刘青，张洁，陈西帆，等译. 北京：中国水利水电出版社，2005.

绕一圈带有柱廊的泥石围墙，内墙上镶嵌着一些嵌板与塑像，这里曾经作为远道而来的朝圣者的休憩之所。主入口位于东侧院墙的中央，是一座具有纪念性的花饰庙门，院落内部还包含一座圣池以及几座小型的附属建筑。

图 2-74 杰纳卡沙瓦神庙

神庙在东、南及北三侧都设有一个门廊，大小与形制相同，矩形平面，外部与台阶相连（图 2-74）。神庙柱厅的平面为方形，东、南及北三侧分别与三座门廊相互贯通，内部的多根立柱围合成东西向与南北向的两条廊道，汇合于柱厅的中部。这些立柱的独特之处在于上面雕刻着一些艺术家的名字，

图 2-75 杰纳卡沙瓦神庙柱厅内部石柱

甚至以此命名。独特的绿泥岩材质赋予了立柱丰富多样的形式，每根立柱被横向的线脚分割为几部分，截面形式多样，大多为圆形或锯齿形，它们从上到下都布满了各种神灵雕像以及藤蔓植物的图案，在黑暗的室内折射出些许光芒（图2-75）。神庙门廊与前厅的底座连成一体，上面装饰着横向线脚以及精致的雕刻。底座上支撑着立柱，其间镶嵌着精美的镂空花窗，上部是宽阔的檐口。前厅连接着前部的柱厅与后部的圣室，圣室平面为星形，内部中央的方形小室供奉着克里希那的化身盖沙瓦的神像。圣室平面在三个方向各有一个突起，每两个突起间还有更小的突起，这种星形平面的形式不仅增加了神庙的雕刻面积，而且使得圣室外壁上的雕刻丰富多样。圣室的上层结构已遭破坏，但是可以通过神庙东侧门廊前的微型模型来想象其原型：上层结构延续了底部的星形平面的形式，逐层向上缩小，最终汇合于顶部的盖石处，每层都布满装饰，整个形体类

似于圆锥体（图 2-76）。

　　神庙中精致华丽的雕刻是霍伊萨拉王
朝神庙的一大特征，除了表现在立柱的独
特样式外，还表现在支撑宽阔檐口的托架
上精美的人物雕像。每个托架上部都装饰
着一个植物枝叶及花朵环绕而成的华盖，
下面雕刻着舞动的女神雕像。她们的人体
比例十分完美，形态各异，有的在优雅地
吹奏着长笛，有的在欢快地击打着乐鼓等
等。这些雕像无疑体现了当时精湛的雕刻
艺术（图 2-77）。

　　（2）霍伊萨拉斯瓦拉神庙（Hoysalesvara
Temple）

　　霍伊萨拉斯瓦拉神庙坐落在霍伊萨拉
王朝的都城德伐拉萨姆达（Dwarasamudra），
即现今卡纳塔克邦的霍莱比德。这座神庙
是为纪念国王那罗僧诃一世而建于 1127 年，
由当时的建筑师克达拉伽（Kedaraja）担任
主持[1]。

　　这是一个由两座神庙通过中间的走廊
连接构成的一个组群，分别供奉湿婆与他
的妻子雪山女神，两座神庙都坐西向东，
矗立在院落中部的星形平台上。神庙都由
门廊、柱厅、前厅以及圣室组成，前端都
有一座南迪神殿，上面摆放着公牛南迪的
雕像，上面还装饰着各种各样的珠宝配饰
（图 2-78）。位于南面的是湿婆神庙，中
央方形的柱厅与三面的门廊组成十字形的

图 2-76　神庙门廊前端的微型模型

图 2-77　石柱上部人像托架

1　Krishna Deva. Temples of India[M]. New Dehli: Aryan Books International, 2000.

平面构图形式，门廊前部设置两段石阶与室外相连，每段台阶两侧分别设置有一座微型亭（图2-79）。

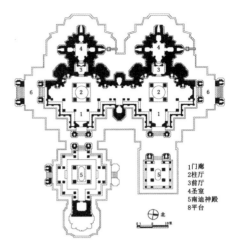

图2-78 霍伊萨拉斯瓦拉神庙平面

柱厅中部设置一个圆形突起的平台，四个角落设置四根粗壮的石柱支撑顶部的横梁。石柱采用当地的皂石通过机床加工而成，表面平滑。上部的托架上雕刻舞姿妙曼的少女，她们腰身纤细，体态优美，身上的配饰亦雕刻得繁复无比。门廊与柱厅四周外壁由粗壮的石柱支撑，其间装饰着镂空的石窗，顶部为平屋顶形式。柱厅后部为一个方形的前厅，与方形的圣室相通，圣室内部供奉着象征湿婆的林伽雕像。在圣室西、北及南面三侧设置了三个小型的神龛，圣室外部平面为折角星形，这种形式的外壁为雕刻装饰增加了广阔的空间。遗憾的是圣室上部的屋顶结构已不存在，但是可以通过门廊入口处的小型复制品来想象其形式。整座神庙的底座较高，几乎占据了立面整体高度的一半，底座被横向的线脚划分成多道装饰条板，分别装饰着大象、狮子、向上攀爬的藤蔓植物以及史诗神话故事中的场景雕刻。繁密精致的雕刻展示了霍伊萨拉王朝神庙装饰艺术的"洛可可"风格（图2-80）。雪山女

图2-79 霍伊萨拉斯瓦拉神庙入口

图2-80 霍伊萨拉斯瓦拉神庙底座

神神庙位于北侧，其规模形制与湿婆神庙相同，尽管两座神庙圣室上部的屋顶结构已不存在，但是一眼望去，两座由门廊甬道相连的神庙，加之前部的南迪神殿，整体显得雄伟壮观。

（3）盖沙瓦神庙（Keshava Temple）

盖沙瓦神庙坐落于卡纳塔克邦北部的一个环境清幽的小村庄——索姆纳特布

尔，是由霍伊萨拉王朝的大臣索姆那萨（Somanatha）主持建造的，建于1268年。神庙的材质选自当地的亚氯酸岩（绿泥片岩），选用这种材质为基础的雕刻有着磨光的外表面。这座神庙是遮卢亚式后期风格神庙的杰出代表。

　　盖沙瓦神庙是一座供奉毗湿奴的神庙，坐西朝东，由门廊、柱厅以及三个带有前厅的主殿构成，坐落于一个星形平面的平台上，整座神庙坐落于一个院落内，入口位于东侧院墙的中央（图2-81）。不同于达罗毗荼式神庙的山门，霍伊萨拉风格神庙的入口并不布置高耸的瞿布罗塔楼，而是低矮的花饰庙门。院墙内部一圈排列着64间神龛，神龛前是一圈立柱支撑的围廊。根据神庙入口石板上的铭文记载，64间神龛内曾经供奉着64位印度教神灵的神像，包括毗湿奴的众多化身神像[1]，如今都已不复存在。在入口右侧的围廊上摆放着12座石刻雕像，其中有8座是毗湿奴化身的雕像。站在入口处的平台上可以看到整座神庙矗立在星形的底座上，三座主殿呈现出一种螺旋式垂直向上的动势（图2-82）。

　　神庙内部的门廊与柱厅都是封闭式的，突显了一种神秘的宗教气氛。门廊为矩形平面，连接着后部的柱厅，柱厅分为前后两部分，前部排列着12根立柱，后部中央排列着4根立柱，内部屋顶上装饰着曼陀罗图形的天花，图案各不相同，雕刻精彩细致，显示了当时高超的雕刻工艺。门廊与柱厅的外壁被分割成两层，底层是由水平线脚装饰的底座，上面的雕刻除了一些战马、大象等表现战争场景

1山门　2门廊　3柱厅
4前厅　5圣室　6平台

0　5　10　20米

图2-81　盖沙瓦神庙平面　　图2-82　盖沙瓦神庙

1　R Narasimhachar. The Kesava Temple at Somanathapur[M]. Mydore: Archaeological Department, 1977.

的装饰外，还排列着两排北印度那迦罗式的神
龛，外壁上层装饰着一些镂空的花窗与壁柱。
在后部柱厅的南、北及西侧三面分别通过一个
前厅连接着三所神殿。神殿的平面呈霍伊萨拉
神庙惯用的星形平面形式，而内部的圣室却是
方形平面。主殿位于中央，早期圣室内部供奉
着毗湿奴的化身盖沙瓦神像，现在供奉着拉克
希米的坐姿雕像以及他的兄弟拉克什曼站立的
雕像。南侧圣室内部供奉着毗湿奴的化身克里
希那神像，北侧圣室内部供奉着毗湿奴化身佳
纳尔丹（Janardana）的神像（图 2-83）[1]。圣
室外壁由底座与殿身两部分组成，底座与门廊
及柱厅的底座连成一体，饰板内的雕刻丰富多

图 2-83 南侧圣室克里希那神像

样，主要以战马、大象、匍匐植物以及神话故事为主题，表现了一些战争场景与生
活中场景（图 2-84）。殿身上排列着一些神龛，神龛顶部的微型塔楼形式模仿北
印度那迦罗式的上层结构形式，神龛顶部还装饰着一些藤蔓植物的枝叶。在殿身之
上有一层宽阔的檐口，将殿身与上层结构明显分隔开来，檐口上装饰着一些花饰与
垂状物。上层结构延续了底座与殿身的星形平面形式，共垒砌四层，每层都装饰着
一些人物塑像与花饰，每层顶部还刻有双层的莲花花纹与浮雕。上层结构逐层向上
递收，最终汇合于顶部的星形盖石中，整体呈现出螺旋式向上延伸的动感（图 2-85）。

图 2-84 盖沙瓦神庙底座雕刻

图 2-85 盖沙瓦神庙圣室

1 R Narasimhachar. The Kesava Temple at Somanathapur[M]. Mydore: Archaeological Department,
1977.

值得注意的是神庙外壁上的一些人物塑像是建造这座神庙的匠师的真实刻画，其中默利萨玛（Mallithamma）的塑像繁多，大约有40多座，他是负责这座神庙建造的主要工匠。这种雕刻方式在霍伊萨拉时期的神庙中较为常用，对于雕刻艺术的历史学家具有重要意义[1]。

图2-86 千柱庙

值得注意的是，霍伊萨拉时期的神庙风格在同时期卡卡提亚王朝的统治地区也较为常见，特伦甘纳邦赫讷姆贡达（Hanumakonda）地区一座由统治者鲁德拉德瓦（Rudradeva）建造的千柱庙（Thousand-Pillared

图2-87 罗摩帕神庙

Temple）展现了霍伊萨拉神庙的风格，神庙建于12世纪，由两座柱厅以及三个圣室组成，中央的柱厅与三座圣室相连，内部石柱上雕刻着优美的托架雕塑，神庙柱厅与三个圣室外部宽阔的檐口互相贯通，与底部星形的平台互相呼应，这些都体现了霍伊萨拉神庙风格的典型特征（图2-86）。坐落于帕拉姆佩特地区（Palampet）的罗摩帕神庙（Ramappa Temple），同样较好地展现了霍伊萨拉神庙的特点。神庙建造于13世纪上半叶，为院落式布局形式，坐西朝东，由门廊、柱厅、前厅以及圣室组成，整体位于一个星形的平台上（图2-87）。方形柱厅的东、南及北侧三面各与一门廊相连，形成一个"十字形"的平面布局形式。由于在柱厅与门廊基座上环绕一圈与基座等高的石墙，因而柱厅内部开敞通透。柱厅与门廊内部石柱的雕刻极为精致，尤其是顶部托架的装饰，雕刻着一些后腿跃立的雄狮以及舞姿曼妙的少女雕像，尺寸近乎真实大小（图2-88）。柱厅与门廊上部的檐口出

1 R Narasimhachar. The Kesava Temple at Somanathapur[M]. Mydore: Archaeological Department, 1977.

挑较深，宽阔的屋檐上部环绕
着一圈砖砌的山墙，强化了前
部柱厅与门廊整体的"十字形"
布局形式。后部的圣室外部呈
星形，底部基座与上部的檐口
与柱厅及门廊连成一个整体，
上层结构由砖砌筑，延续了底
部星形平面的形式，并且逐层

图 2-88　石柱上部的人像托架

向上递收，最终汇集于顶部的盔帽状盖石中。总体而言，神庙中的星形平台、较
高的底座、宽阔的檐口以及内部繁复细致的雕刻，尤其是石柱上的人像托架，全
面地阐释了霍伊萨拉神庙的风格特征。

　　整体而言，南印度遮卢亚式神庙建筑在早期遮娄其王朝时期既模仿北印度那
迦罗式神庙的风格，也发展了南印度达罗毗荼式神庙的风格，同时由于两派建筑
师的相互交流，出现了将南方式风格与北方式风格相兼容的形式，开始了混合式
神庙的最早探索。到了后期遮娄其王朝时期，由于南方建筑学派与北方建筑学派
的进一步交流，混合式神庙风格的发展趋于成熟，最鲜明的特点表现在神庙中达
罗毗荼式的佛龛单元与微型亭构件按照北印度色诃里式神庙的组织方式排列，使
神庙呈现出一种强烈的动势。在霍伊萨拉王朝时期，神庙建筑风格更加偏向于达
罗毗荼式的风格，圣室上部的塔楼在受到达罗毗荼式塔楼影响的同时也做了一定
的改变，并且神庙内外整体都成为雕刻家精工细琢、展示其才华的领域，神庙上
精致的装饰艺术似乎已超越了神庙建筑本身。

第五节　南印度喀拉拉式神庙建筑的发展与特征

　　喀拉拉式神庙是南印度神庙建筑中风格独特的一种神庙类型，主要分布在西
部喀拉拉邦地区，这里独特的地理条件是形成这一独特神庙建筑类型的主要原因。
喀拉拉邦西临阿拉伯海岸，东至西高止山脉（Western Ghats），强烈的海洋性季
风气候使得该地区形成了炎热多雨以及阳光强烈的气候特征，加之当地木材产量
丰富，因而喀拉拉当地的建筑以木材构筑的坡屋顶建筑为主[1]。此外，东部的西高

1　H Sarkar.An Architectural Survey of Temples of Kerala[M]. New Delhi:Director General,
Archaeological Survey of India, 1978.

止山脉在一定程度上隔离了喀拉拉地区与中世纪强大的印度教帝国之间的文化交流与联系，因而在泰米尔地区那些巨石建造的印度教神庙对早期对喀拉拉当地的神庙建筑影响甚微。另外，政治、经济以及文化因素也是促使喀拉拉式神庙建筑独自发展的原因，尤其是该地区凭借西部毗邻阿拉伯海岸的地理优势发展了繁荣的海外贸易事业，与中国、埃及、罗马等国家的贸易使当地积累了大量的财富，为神庙建筑的发展奠定了雄厚的物质基础[1]。

1. 喀拉拉式神庙建筑发展概况

早期喀拉拉邦的宗教主要为佛教与耆那教，当时婆罗门教的影响甚微，因而当地的宗教建筑也以佛教窣堵坡、寺院以及耆那教神庙建筑为主。直到公元4世纪，婆罗门祭司开始大量涌入，在此聚居，他们为了维护自己的权利与信仰，在当地大肆宣扬印度教的经典理论，多数佛教寺院被破坏或是直接被接管为印度教神庙，使喀拉拉邦的印度教神庙在这时开始发展。

喀拉拉地区早期神庙建筑的发展以石窟神庙为主，与当时盛行的佛教石窟处于同一时期，而且吸收了佛教石窟的形制特征。石窟神庙在喀拉拉地区主要集中在特里凡得琅（Trivandrum）、科兰姆（Kollam）以及阿拉普扎（Alappuzha）地区附近，现今还保留有十多处古迹。其中阿拉普扎附近的卡韦尔湿婆石窟神庙（Kaviyur Siva Cave）保存最为完整。这座石窟开凿于8世纪，坐东朝西，主要由门廊以及圣室组成，形制较为简单。门廊为矩形平面，面阔较宽，内壁上雕刻着四臂象神伽内什（Ganesha）以及圣人的雕像，作为石窟的守卫者（图2-89、图2-90）。

喀拉拉地区石砌神庙的大量建造开始于8世纪，并且受到了当时哲罗王朝统治者的赞助。早期的神庙形式简单，规模较小，主要强调圣室的建造，其平面分为方形、圆形、半圆形以及矩形四种形式。在一些神庙中，圣室前部设置一座与其分离的柱厅，即那玛斯卡拉曼达坡（Namaskara Mandapa），神庙整体被外围一圈带有屋顶的构筑物围绕成一个矩形的院落。这种构筑物外侧为石墙砌筑，并且装饰着一圈镂空的木格子栅栏，内部由一圈石柱支撑，且上部覆盖屋顶，有时还设有一些辅助用房，称为那拉巴拉姆（Nalambalam）[2]。与圣室相连的门廊或是前

1 H Sarkar. An Architectural Survey of Temples of Kerala[M]. New Delhi:Director General, Archaeological Survey of India, 1978.
2 H Sarkar. An Architectural Survey of Temples of Kerala[M]. New Delhi:Director General, Archaeological Survey of India, 1978.

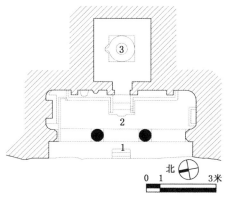

图 2-89 卡韦尔石窟神庙平面

图 2-90 卡韦尔石窟神庙

厅在极少数实例中可以看到，这说明早期喀拉拉式神庙缺少对于门廊以及前厅这部分的重视。

　　在 10 世纪以后，随着神庙建筑的发展，圣室的平面出现了椭圆形这一形式，圣室外围开始环绕多层回廊。神庙规模有所扩大，在圣室后部设置供奉主神配偶的女神配殿。此外，多檐式的神庙在此时开始盛行，通常以两层屋檐居多，这些金字塔形或是圆锥形的重檐建筑为神庙增添了优雅的气质。位于帕鲁瓦纳姆（Peruvanam）地区的一座湿婆神庙形式比较独特，出现了三层屋檐的神殿形式，下部两层为方形平面，而顶部屋檐则为八边形（图 2-91）。

　　13 世纪以后，喀拉拉式神庙建筑无论是在规模大小还是装饰细部方面都发展到了顶峰。此时神庙发展成了大规模的院落式布局形式，内部建筑有所增加，出现了在内部圣域空间中设置两个或三个圣室的形式，这些圣室中供奉着同等重要的神灵。在那拉巴拉姆构筑物主入口前方通常设置摆放祭坛的柱厅[1]。此外，一些大型的

图 2-91 湿婆神庙

1 H Sarkar. An Architectural Survey of Temples of Kerala[M]. New Delhi:Director General, Archaeological Survey of India, 1978.

神庙组群，在那拉巴拉姆构筑物前部附近设置一座封闭的柱厅，称为库萨巴拉姆（koothambalam），用于在盛大的宗教节日中表演泰米尔音乐舞蹈等梵剧[1]。这种建筑是喀拉拉式神庙建筑中特有的，其内部是一个由立柱支撑的巨大空间，中间设置为表演而提供的舞台，装饰雕刻精致细腻。更重要的是建筑顶部的高屋顶倾斜而下，坡度几乎达45度，在外观上形成了一种宏伟的气势。

此外，喀拉拉邦南部地区的神庙建筑在其发展过程中受到邻邦泰米尔纳德地区达罗毗荼式神庙风格的影响，在特里凡得琅以及桑钦达拉姆（Sucheendram）地区这种影响十分明显。神庙中高耸的院墙、雕刻精致的石柱支撑的柱廊以及柱厅完全掩盖了喀拉拉式风格的神殿等建筑，院墙入口处高耸的山门瞿布罗与当地低矮谦逊的重檐式建筑形成了鲜明的对比[2]。位于瓦伊科姆（Vaikom）的瓦卡萨帕神庙（Vaikkathappan Temple）内部柱厅平面为方形，上部是一个金字塔形的屋顶，后部圣室平面为椭圆形，顶部屋顶为圆锥体形式，这些都表现出喀拉拉式神庙的风格特点。然而在那拉巴拉姆构筑物前部的门廊以及柱厅却采用了达罗毗荼式神庙的风格，石柱上雕刻的精致繁复的人物雕像与17世纪泰米尔纳德邦神庙内部的雕刻风格极其相似。

2.实例分析

（1）摩诃提婆神庙（Mahadeva Temple）

摩诃提婆神庙位于喀拉拉邦卡韦尔地区的一座小土丘上，始建于10世纪，规模较小，在17世纪时得到了修建，并且装饰了许多精致的木雕雕刻。神庙坐西朝东，由位于同轴线的外层院落以及内部主体神庙区域两部分构成。神庙外围环绕有一圈院墙，在东西院墙中央设置两座山门，其中东侧主入口山门规模较大，为矩形平面，底层为石砌墙身，上层为木格栅栏围合的结构，两层金字塔形的屋顶表面铺有传统的砖瓦。底层屋顶中央突出一个三角形山形墙，由四根石柱支撑，作为入口处的门廊。主入口前设有18级石阶连贯而上，颇具气势（图2-92）。

神庙主入口山门内侧连接着一座由两排石柱构成的长条形柱廊，石柱底部统一被涂刷成红色，上部的两坡顶上覆盖着黑瓦。在一些重大的宗教节日中，柱廊

1　Architecture of Kerala[EB/OL]http://en.wikipedia.org/wiki/Architecture_of_Kerala.

2　George Michell. Architecture and Art of South India[M]. London: Cambridge University Press, 1880.

将作为表演舞剧等活动的场地。
柱廊尽端矗立着一根鎏金的旗杆
柱，由底部黑色花岗岩砌筑的基
座支撑，抬眼望去高耸向上。环
绕主体神庙的那拉巴拉姆构筑
物将内部神圣的区域与外部院落
明显分隔，构筑物的四个角落都
挑出两个垂直方向的三角形山形
墙，使整片的大型坡屋顶不失单
调。构筑物东侧中央入口处设置
一座祭坛石柱厅，方形平面，石
砌的基座前部中央连接着台阶通
向室外，四周由石柱支撑，柱厅
内部摆放着一座鎏金的祭坛石。

图 2-92 摩诃提婆神庙入口山门

祭坛石柱厅顶部为山脊形屋顶
形式，顶端挑出两层小型山形
墙，并且装饰着精致的木雕（图
2-93）。祭坛石柱厅屋顶与那拉
巴拉姆构筑物顶部的坡顶相互穿
插，丰富了屋顶空间的结构形式。

图 2-93 摩诃提婆神庙内部

祭坛石柱厅后部连接着一座大型
的帕蒂科（Padikkal）柱厅，其
平面为矩形，上部屋顶为两层重
檐的山脊形屋顶，两端向外挑出，
呈镂空的三角形山形墙屋脊上装
饰着 3 个砖红色的尖顶饰，与屋
面砖红的瓦片相互融合。柱厅内

图 2-94 帕蒂科柱厅顶部天花木雕

部天花的雕刻体现了喀拉拉木雕艺术的辉煌成就，在顶部天花向上隆起的方形版
块内，围绕边框雕刻着一圈表演南印度传统卡塔卡利舞剧的人物雕像，形态各异，
惟妙惟肖（图 2-94）。柱厅之后是一座开敞的纳玛斯卡拉（Namaskara）柱厅，

四周由石柱支撑，上部的木结构屋顶构架上装饰着精彩的木雕。柱厅与后部圆形的圣室相分离，圣室前后都设门，内部供奉着湿婆与妻子帕拉瓦蒂的神像。圣室上部的圆锥形屋顶倾斜而下，外壁上雕刻着毗湿奴的十化身的木刻雕像，并且覆盖了黑色的涂层，显得精细而庄严。在内部圣室的西北角以及南部分别设有一座哈奴曼神殿以及达克诗纳摩泰（Dakshinamoorthy）神殿，规模较小。

（2）瓦拉巴神庙（Sri Vallaba Temple）

瓦拉巴神庙坐落于喀拉拉邦的蒂鲁瓦莱（Thiruvalla）小镇上，这座毗湿奴神庙历史悠久。据当地的铭文记载，神庙最早建造于公元前 3000 年，在公元前 59年由王后查鲁姆赛维（Cherumthevi）主持重建。在经历了漫长的岁月后，神庙在13 世纪得到了大规模修建与扩建，一直以来是著名的 108 座被毗湿奴圣徒唱颂的神庙之一，更成为南印度印度教信徒最向往的朝圣中心。神庙坐落于马尼马拉河（Manimala River）畔，这里风景优美，四周洋溢着宁静安详的气息。

神庙坐西朝东，在主入口前侧有一座大型的长方形圣池，附近矗立着一根高大的镀铜旗杆。神庙整体由外部院落和内部的主体神庙区两部分组成。外部院落周边环绕有一圈石砌院墙，这圈院墙历史悠久，据记载它建造于公元前 57 年，由毗湿奴的随从在一夜之间建成[1]。每侧院墙中央都设置一座山门，其造型沿袭喀拉拉当地的传统风格特征。山门平面为矩形，上部为两层式坡屋顶结构，顶层山脊形屋顶两端挑出镂空的三角形山墙。其中北侧山门常年紧闭，仅在一年一度的宗教节日（Uthra Sree Bali）才对外开放。在神庙外部院落的南侧分散布置着一些小型神殿、会堂以及管理办公之所，在院落内部的东南角有一座天然形成的圣池，仅供祭司使用。

东侧主入口山门之内是一座砖木结构的亭阁建筑，用于在宗教节日表演南印度传统的卡塔卡利舞剧或是举行结婚典礼。其平面为矩形，由八根黑色花岗岩材质的石柱支撑上部的四坡顶结构，在南北侧两端挑出镂空的三角形山墙，尽管雕刻装饰比较简单，但是传统的坡屋顶以及瓦片的使用体现了喀拉拉本土化的建筑特色。亭阁之后是一根顶部雕刻毗湿奴坐骑金翅鸟的旗杆柱，同外围院墙建于同一时期，底部是用黑色花岗岩砌筑而成的基座，高达 15 米，外部涂有黄色涂料，顶部的金翅鸟神像高达 1.5 米，呈虔诚的姿态面向西部的圣室。后期由于建筑整

---

1 Sreevallabha_Temple[EB/OL]http://en.wikipedia.org/wiki/Sreevallabha_Temple.

体开始倾斜，因而在外围环绕石墙建造了三层重檐式建筑，防止建筑进一步倾斜。底部方形平面每边中央向外突出，并且环绕一圈方形石柱，三层金字塔形的屋顶层叠而上，且在上部两层屋顶檐口下部设置斜撑，整体显得宏伟端庄（图2-95）。旗杆柱同轴线西侧是一座祭坛石柱厅，内部供奉着一座3米多高的祭坛石。

神庙内部区域的主入口为一座平面呈T字形的柱厅，内部排列四排石柱，上面雕刻着一些精致的神灵雕像，展示了喀拉拉当地的传统艺术特色。柱厅外壁呈木格子状，且由底部向上

图2-95　瓦拉巴神庙毗湿奴旗杆柱及亭阁

外扩，上部覆盖有两层式坡屋顶，底层屋顶檐口较宽，屋面板径直而下，覆盖了底部墙壁的大部分区域（图2-96）。顶部屋顶三侧端部挑出镂空的三角形山形墙，并且在竖向构件上装饰一些精细的雕刻。柱厅内部中央的柱廊通向纳拉姆巴拉姆（Naalambalam）构筑物，纳拉姆巴拉姆将内部主体神庙围合成一个矩形的院落。廊道整体由黑色花岗岩砌筑而成，内部环绕有一圈石柱，每根石柱上都雕刻着女神沙罗班吉卡（Salabhanjika）的雕像。纳拉姆巴拉姆外侧在基座之上附有一圈柚木制成的木格子栅栏，这种材质在喀拉拉当地十分常见，柚木的使用使神庙无形之中蕴含了传统的风土化气息（图2-97）。内部院落中央的圣室平面为圆形，东

图2-96　瓦拉巴神庙内部区域主入口

图2-97　瓦拉巴神庙纳拉姆巴拉姆构筑物

西两侧各设置一个入口，外部环绕有三层石壁，上面装饰着以印度教神灵为主题的壁画，内容丰富。值得注意的是圣室内部供奉有两位神灵，即面向东方的毗湿奴和面向西方的萨达尔萨那（Sudarsana）。圣室上部屋顶呈圆锥体，铺有瓦片的屋面板倾斜而下，显示出雄伟庄严的气势。在圣室东西两个入口前方各设置一个开敞式的柱厅，东侧柱厅为方形平面，规模较大，由 12 根木柱以及 4 根石柱支撑上部的屋顶结构。这些立柱上装饰着各式各样的神灵雕像，成为展示神庙装饰的场所。西侧柱厅形制与其相同，但是规模有所减小。

整体而言，这座庭院式布局的神庙规模较大，神庙中山门、柱厅的多檐式金字塔形屋顶以及神殿顶部的圆锥体屋顶形式体现了喀拉拉式神庙最显著的特征，屋顶瓦片以及纳拉姆巴拉姆外侧柚木的使用赋予了神庙浓郁的本土化气息。神庙整体既宏伟庄严，又不失端庄典雅的气质。

（3）瓦达坤纳萨神庙（Vadakkunnathan Temple）

南印度的瓦达坤纳萨神庙是喀拉拉式神庙的典型实例，位于喀拉拉邦的特里苏尔（Thrissur）地区一座风景优美的小山丘上，是当地南布迪里婆罗门种姓所建最大的印度教神庙之一。神庙始建于 11 世纪，后期逐渐有所修建与加建，直至 19 世纪形成了大规模的神庙组群。神庙整体坐东朝西，由一个包围三座神殿的内部院落以及环绕小型附属建筑物的外部院落构成。外围院墙四周设有山门，较为独特的是神庙山门为三层重檐形式，矩形平面且中部凸出。底层为砖砌墙身，上部两层砖砌墙身中部镶嵌镂空的木格子窗户。三层坡顶层叠而上，宽大的檐口上铺设有红瓦，第三层屋顶呈山脊形，端部挑出，呈空三角形形状（图2-98）。山门整体并无繁复精致的雕刻，其朴素雅致的造型与达罗毗荼式神庙高耸华丽的山门形成了鲜明的对比。

在瓦达坤纳萨神庙中，内部的纳拉姆巴拉姆构筑物西侧设置三个主入口，分别通向内部至圣区域中的三座主殿，北侧也

图 2-98　瓦达坤纳萨神庙山门

分布有一个入口（图2-99）。三座主殿呈南北向分布，其平面布局形式体现了喀拉拉邦神庙的一大特征，即圣室前部设有一座与其分离的柱厅。最北边是一座湿婆神庙，圣室为圆形平面，内部中央的至圣所为方形平面，外围环绕两圈立柱。方形至圣所中部供奉着湿婆林伽，但表面已被常年燃烧的酥油所覆盖，顶部装饰着互相串联的新月，整体形似湿婆与妻子帕拉瓦蒂的居所凯拉萨山脉。圣室上部的屋顶为圆锥体状，顶部冠以一尖顶饰，倾斜的屋面上铺设有铜质薄板，宽大的檐口倾斜直下，不仅解决了强烈季风雨的侵袭以及阳光的直射问题，而且也使神殿整体造型显得庄严典雅（图2-100）。圣室前部有一座与其分离的方形柱厅，四周开敞，内部由两圈立柱支撑，上部屋顶呈四角锥形。这座神殿是三所神殿中规模最大的一座。中部的神殿供奉着湿婆与毗湿奴的组合神像，被称为商羯罗那拉亚那（Sankaranarayana）神殿，其形制与湿婆神殿相似，但规模最小。南部的神殿供奉毗湿奴的化身之一罗摩神像，与前两座神殿不同，这座罗摩神殿圣室平面

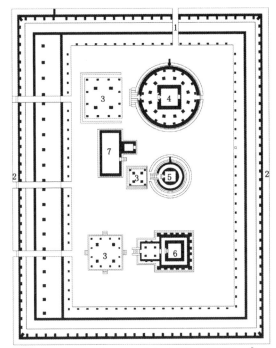

1主入口　2纳拉姆巴[拉姆构筑物　3纳拉姆巴]拉姆柱厅　4湿婆圣室
5湿婆与毗湿奴圣室　6罗摩圣室　7伽内什神殿

图2-99　瓦达坤纳萨神庙内部区域平面

图2-100　湿婆神殿圣室

为方形，外部有一圈回廊，且圣室前部连接着前厅。与前两座神殿形似，圣室前部设有一座与其分离的开敞式柱厅。圣室与前厅的上部屋顶都为两层式金字塔形，上层屋顶每边中部突出一个镂空的马蹄形构件，神殿整体显得端庄雅致（图2-101）。在湿婆神殿与商羯罗那拉亚那神殿前部有一座小型神殿，内部供奉着湿婆与妻子的象头神儿子伽内什神像，规模较小。

在外部院落中分布着一些附属神殿与柱厅，其中在那拉巴拉姆构筑物前部的一座封闭式库萨巴拉姆柱厅规模较大（图2-102）。柱厅四周设门，内部空间分为外围一圈柱廊以及中央表演大厅两部分。柱厅内部的木结构形式较为特殊，立柱顶部通过横梁与上部的四坡顶构架相连。这些木构架为木雕技术提供了丰富的表达空间，表演大厅与立柱的雕刻让人感觉仿佛进入了一个充满木雕装饰语汇的世界。柱厅外壁由大片的木格栅窗组成，不仅有利于建筑内部的通风，还可以对炎热的散射光起到屏蔽作用。顶部大型的坡屋顶倾斜而下，宽敞的檐口使建筑外围形成一圈回廊，远远望去具有一种雄伟的气势。

整体而言，瓦达坤纳萨神庙中独特的山门、圆形与方形平面的圣室以及独具特色的库萨巴拉姆柱厅，都是喀拉拉式神庙重要的构成要素。山门朴素的外墙壁以及层叠的坡顶形式赋予神庙端庄的形态，与南印度盛行的达罗毗荼式神庙风格截然不同。圣室上部倾斜而下的坡屋顶无论呈圆锥形、金字塔形还是山脊形，通常都为多层重叠的形式，无形之中增加了建筑的高度以及外形上庄严雄伟的气势。后期大型库萨巴拉姆柱厅的增加使得神庙规模有所扩大，柱厅上部层层叠升形成

图 2-101　罗摩神殿圣室　　　图 2-102　瓦达坤纳萨神庙内部庭院

的陡峭的金字塔形屋顶空间，起到了确保室内空气流通的作用，同时对于当地强暴雨与强阳光直射的气候都有较好的适应性。宽大陡峭的坡屋顶在雨季时有助于屋面雨水的排放，在旱季时又可利用屋顶阴影减少阳光直射产生的热量。此外，神庙采用当地盛产的木材为内部的雕刻创造了丰富的空间。神庙内部具有许多功能性和装饰性的木元素：花卉或动物图案的门楣、狮子形象的横梁、托梁等。这些木材雕刻的运用以及传统木结构坡屋顶的引入，使喀拉拉式神庙体现出当地传统建筑的风格韵味。

综上所述，喀拉拉式神庙经历了自身较为独立的发展，在早期小体量的布局到后期由内部主体神庙区域以及外部院落构成的大规模布局的发展过程中，以权威的印度教经典为理论基础，融合了南印度工匠高超的技艺，吸取了佛教建筑独特的建筑形制，并且综合考虑了当地的气候条件以及建造材料的选择，逐渐形成了具有地域特色的神庙建筑风格。其特征可概括为：

① 圣室：圣室平面以方形与圆形为主。方形平面的圣室上部屋顶为金字塔形，圆形圣室上部的屋顶呈圆角锥形。此外，还出现了一种山脊形屋顶，两端向外部伸出，以三角形山形墙结束。这种倾斜的坡屋顶通常为多檐形式，两重屋檐或三重屋檐，檐口宽大，屋顶陡峭，屋脊通常高高隆起，因而有助于抵挡强烈的直射阳光以及季风雨的侵袭，这是喀拉拉式神庙最为显著的特征。

② 山门：神庙入口处山门既不同于达罗毗荼式神庙中高大的瞿布罗，也与遮卢亚式神庙中的花饰庙门相异，体现了喀拉拉当地的传统风格特征。山门高度适中，通常为两层或三层重檐的坡屋顶结构，底层为砖砌或石砌建筑，屋顶为木构建筑，两端向外挑出，呈空三角形形状。

③ 整体：神庙整体为院落式布局形式，由内部圣室区域以及外部院落两部分组成，两重院落分隔明显，后期规模较大；神庙材质以红砖石、木材以及瓦片为主，红砖石用于神庙的基座及殿身，神庙外壁有时也覆盖一层木格栅窗，而木材则用于上部屋顶结构。传统的坡屋顶形式以及红砖石、木材以及瓦片的使用赋予神庙端庄典雅之感，同时又不失雄伟之气势。

小结

印度教神庙建筑正式出现的时间较晚，在笈多王朝时期婆罗门教复兴后才兴起了印度教神庙的建造。而南印度神庙的建造稍晚于北印度地区，大约在公元5世纪，南印度地区开始了石窟神庙与石砌神庙的探索与发展。

南印度石窟神庙早期沿袭了佛教精舍窟的平面形制，中央为柱厅，内部三壁开凿小室。在发现用于满足修行生活而开凿的小室并不适合印度教的宗教礼仪和习俗后，印度教石窟的布局形式逐渐发生了变化，取消了两侧的小室，保留后侧的小室作为供奉印度教神灵的圣所。

南印度由于并没有形成一个统一的政权，长期处于主要王国占主导地位，而同时又有多个小国林立的政治局面，因而石砌神庙建筑自出现起就形成了达罗毗荼式、遮卢亚式以及喀拉拉式三种不同的类型风格。达罗毗荼式神庙是南印度印度教神庙建筑中最主要的一种类型，分布范围广泛，甚至影响到了遮卢亚式以及喀拉拉式神庙建筑的风格。达罗毗荼式神庙最早在帕拉瓦王朝时期确立了基本形制，在朱罗王朝以及潘迪亚王朝时期相继发展，神庙体量有所扩大，并且山门瞿布罗的形制趋于成熟，最终在维查耶纳伽尔王朝以及纳亚卡王朝时期发展成大规模的院落式神庙综合体，神庙中的圣室、山门等组成要素特征明显。遮卢亚式神庙最早在早期遮娄其王朝时期开始建造，既模仿北印度那迦罗式的神庙风格，也探索南印度达罗毗荼式神庙的风格，甚至出现了两种风格的混合。然而在后期遮娄其王朝时期混合式神庙的形制趋于成熟，在霍伊萨拉王朝时期更偏向于达罗毗荼式神庙的风格，但做了较大的改变，形成了独特的风格特征。喀拉拉式神庙由于其独特的地理位置及气候条件形成了较为独特的神庙风格，神庙在10世纪时体量有所扩大，并且出现了多檐式的神庙形式。13世纪后，喀拉拉式神庙发展成了大规模的院落式布局形式，内外区域界限明显，独特的坡屋顶形式以及当地木材、红砖石的应用赋予了神庙庄严而又优雅的气势。这三种类型的神庙建筑以其各自独具特色的构成元素以及风格特征等展示了南印度神庙建筑辉煌的成就。

表2-1　南印度印度教神庙建筑发展演变与风格特征汇总表

建筑类型	时期	发展演变	建筑总特征		
			圣室	山门	整体
石窟	早期	模仿佛教精舍窟的布局，中央方形柱厅，三侧开辟小室	方形圣室	无	形制简单，细部装饰较为简洁
	后期	取消左右两侧小室，保留后壁小室作为供奉印度教神灵的圣室	方形圣室，开始尝试在圣室外围环绕一圈回廊	无	形制有所发展，柱式等细部装饰趋于精致

建筑类型	时期	发展演变	建筑总特征		
			圣室	山门	整体
达罗毗荼式	帕拉瓦王朝时期	确立基本形制	圣室平面规整，呈方形或矩形；圣室上部毗玛那呈四角锥形，构成单元微型亭数量逐层递减	山门为高大的塔楼瞿布罗，底部为矩形的石砌基座，上部耸立高大的砖砌塔楼，并装饰繁密的雕塑	神庙为院落式布局，内部设置一些附属建筑，外围环绕多重院墙；材质以花岗岩为主，神庙呈现出一种庄严雄伟的气势
	朱罗王朝时期	神庙内部神殿数量与空间尺度有所增加，山门瞿布罗形制成熟，但高度较低			
	潘迪亚王朝时期	在朱罗王朝神庙的基础上做了一些改进，修建围墙，增加神殿与柱廊，注重山门高度的发展			
	维查耶纳伽尔王朝时期	山门瞿布罗发展得更加高大，注重院落内部柱廊、神殿的增建			
	纳亚卡王朝时期	山门瞿布罗发展得更加高耸，神庙规模更加庞大，成为神庙镇			
遮卢亚式	早期遮娄其王朝时期	既模仿北印度那迦罗式的神庙风格，也发展南印度达罗毗荼式神庙的风格，同时出现了兼有两种风格元素的神庙	方形或矩形圣室，圣室上部屋顶呈四角锥形或曲拱形	模仿北印度那迦罗式风格的神庙无山门，而南方式风格的神庙设置山门瞿布罗，但较为低矮	神庙既有单体式，也有院落式布局的形式，整体规模较小
	后期遮娄其王朝时期	混合式神庙的形制趋于成熟，初期混合式元素较为单一，后期开始多样化	圣室内部平面规整，外部呈锯齿形或星形，上部毗玛那有向圆角锥形过渡的趋势，且佛龛单元与微型亭按照北印度色诃里式的组织方式排列	入口处为花饰庙门，常与院墙等高，其结构造型讲究，雕刻精细	整体为院落式布局，内部设有附属建筑；材质以花岗岩与绿泥片岩为主，整体具有强烈的动态感
	霍伊萨拉王朝时期	神庙建筑风格受到达罗毗荼式风格的影响，但做了较大程度的改变	圣室内部平面规整，外部呈星形；圣室上部毗玛那保留了层层相叠的模式，但每层高度有所降低	入口处山门为花饰庙门，与院墙等高，且细部装饰精致	整体为院落式布局，材质以皂石为主，神庙中的装饰艺术超越了建筑本身

续表 2-1

建筑类型	时期	发展演变	建筑总特征		
			圣室	山门	整体
喀拉拉式	8世纪—10世纪	主要强调圣室的建造，神庙形式简单，规模较小	圣室平面以方形、圆形为主，上部屋顶呈金字塔形或圆角锥形，并出现了山脊形屋顶的形式，一些坡屋顶为多层重檐形式	山门高度适中，为两层或三层重檐的坡顶结构，底层为砖砌或石砌建筑，上部屋顶为木构建筑	神庙整体为院落式布局，后期规模较大；材质以红砖石、木材与瓦片为主，整体既端庄典雅，又庄严雄伟
	10世纪—13世纪	神庙规模逐渐扩大，并发展了多檐式的建筑形式			
	13世纪以后	规模更加庞大，内部附属建筑增加，且细部装饰更为精细，后期一些神庙受到达罗毗荼式风格的影响			

第三章 南印度印度教神庙建筑设计分析

宗教建筑是宗教文化重要的载体，它们体现着各自深刻的宗教内涵。南印度印度教神庙建筑是南印度印度教蓬勃发展的产物，其从设计到建成往往经历了漫长而繁复的过程。本章中笔者对南印度印度教神庙建筑的选址、空间类型、构件要素以及宗教理念四方面进行阐述与分析，展现其独具特色的设计理念以及构成要素的特征。

第一节　选址因素分析

1.宗教因素

印度神庙建筑本身就是印度宗教发展的产物，其建造的初衷是为了表达信徒对于宗教神灵的虔诚信仰。早在吠陀教时期，信徒用于祭祀神灵的场所主要位于大自然的山林深处或是河流边，究其原因是吠陀教中的诸位神灵都来源于一切自然现象的拟人化，选择在山林或河流旁进行祭祀可以近距离与神灵进行交流。到了后期，印度教在吸收其他宗教思想以及经历自身的改革后发展形成了自己的宇宙观：在印度教宇宙图示中，世界被认为是一个中心陆地，古印度神话中的弥庐山就处在陆地的中心，这座连接人世与神界的阶梯既是世界之轴，也是众多神灵汇集的地方，无限的海洋便环绕着中心陆地[1]，印度教中的三大主神之一湿婆就被认为居住在喜马拉雅山脉的高峰之一——凯拉萨山上。从这个宇宙图示中不难看出，在印度教的教义中神山崇拜占据着重要的思想地位，山峰在耸入天空的同时还俯瞰着大地，即山表现出一种追求上升的精神。印度人很早就在各种神灵居住的圣山中进行祭祀活动，因而神山崇拜的宗教思想是影响印度教神庙建筑选址的一个重要因素，许多神庙都依山而建。此外，圣水崇拜也是印度教理念中的一个重要思想，水在印度教中象征着神圣的生命力，"在天、地、神和阿修罗前，水确实怀着胚胎，在其中可以看到宇宙中的诸神"[2]。据《梨俱吠陀》记载，水中诞生了众神与世界，它通常象征着男性符号，象征着旺盛的生殖力。圣水可以为朝圣的信徒提供实现心灵上进化与精神上再生的通道。在印度古代梵文著作的记载中，神庙通常建造在河流附近或是临近水源的地方，这些地方往往充满着和平安

1　谢小英.神灵的故事——东南亚宗教建筑[M].南京：东南大学出版社，2008.
2　谢小英.神灵的故事——东南亚宗教建筑[M].南京：东南大学出版社，2008.

图 3-1　巴达米小城

详的气息，是印度教神灵居住的圣地，因而成为神庙建筑合适的建造地。

　　早期遮娄其王朝的都城巴达米位于南印度卡纳塔克邦北部，四周环绕着赤砂岩形成的峭壁，是这座古城的天然屏障。两座岩石山上矗立着南北两座城堡，中间是一个建于 5 世纪的四方形人造圣池，用于祭祀湿婆，周边设有层叠的台阶一直延伸至池边。这里堪称印度的世外桃源，恬静的阳光照耀着古老的山岩，柔风轻轻掠过湖面，一切都别有一番韵味（图 3-1）。

　　布塔纳萨神庙（Bhutanatha Temple）就坐落在人造水池的东北岸，神庙的材质以当地盛产的红砂岩为主，规模虽小，但是韵味十足。与大多数神庙方位朝向不同，这座神庙坐东朝西，神庙中最神圣的部分圣室朝向象征湿婆的圣池，足见圣池在印度教中的神圣性非同一般。圣池往往影响着神庙的方位布局（图 3-2）。神庙主要由门廊、柱厅以及圣室组成，周边环绕有一些小型的神殿，整体坐落在一个阶梯状的平台上，一直延伸至水池中，宛如一座飘荡在水面的楼阁，组成了一幅优美的画面。神庙的柱厅与圣室建于 7 世纪，在 11 世纪加建了面临水池的门廊。门廊四周开敞，建立在较高的基座上，四周由立柱支撑，屋顶呈四坡顶形式，坡度较小，顶部中央围绕一圈护墙，装饰着一些小型雕像。柱厅四周是封闭的石墙，每隔一定距离

图 3-2　布塔纳萨神庙区位图

雕刻着一些镂空的花窗，为昏暗的室内注入一丝光芒，使信徒进入黑暗的圣室前在光线上有个缓冲的过程。内部的立柱与霍伊萨拉时期的磨光立柱相似，呈螺旋状形式，顶部天花上雕刻着莲花形状的图案装饰。方形的圣室内部曾经供奉着象征湿婆的林伽，圣室的上层结构是南印度

图 3-3　布塔纳萨神庙

典型的毗玛那形式，最顶部有一个双耳罐形顶饰，突出了神庙垂直向上的特征。尽管每层塔拉上装饰着一些细部雕刻，但与中世纪华丽夸耀的神庙相比显得质朴简洁，与周边美丽的背景浑然一体（图 3-3）。站在山顶高处俯瞰圣池，神庙在湖水的映衬下透露着一片幽静安详的气息。

在北部的岩石山上有三座 7 世纪的湿婆神庙，由北至南依次分布，地理高度逐渐降低，形成一个序列，与山脚下的圣池遥相呼应（图 3-4）。三座神庙形制大致相同，圣室都朝向山脚下的圣池布置，北部最高处的阿扎·湿婆拉雅神庙（Azar Shivalaya Temple）位于岩层的最高处，坐落在象体支撑的基座上，类似一座行进中的战车。位于南部低处岩石山上的湿婆拉雅神庙（Lower Shivalaya Temple）的圣室顶部较为奇特，半角形的圆顶上装饰着一个水瓶状的尖顶饰。三座神庙中保存最为完整的是中部的马莱吉蒂·湿婆拉雅神庙（Mallegitti Shivalaya Temple），主要由门廊、柱厅、前厅以及圣室组成，坐落在多层台基之上。门廊由四根立柱支撑，四周开敞，屋顶高度较低。柱厅为矩形平面，外壁上保留着在结构上起支撑作用的立柱的半部，同时也起到界定镂空石

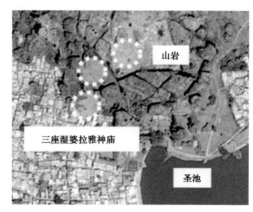

图 3-4　湿婆拉雅神庙区位图

窗与浮雕装饰单元界线的作
用。柱厅顶部的平屋顶四个角
落装饰着一些微型亭，这种形
式是受到了帕拉瓦神庙风格的
影响。方形圣室内部早期供奉
着湿婆林伽，上部的毗玛那较
为低矮，但雕刻比较细致，顶
部覆盖着一个圆顶盖石，与柱
厅屋顶四个角落的微型亭互相
呼应。柱厅与圣室的基座以及
檐口部位装饰的线脚与艾霍莱

图 3-5　马莱吉蒂·湿婆拉雅神庙

的杜尔迦神庙风格相类似，上面都雕刻着一些精美的马蹄形拱顶的花纹（图3-5）。
从山脚下向上望去，三座红砂岩砌筑的神庙就矗立在那层层堆叠的山岩中，在阳
光的照耀下透露着淡淡的古韵。由于巴达米这座古城交通不太便利，因而到达这
里的信徒较少，其幽静的氛围赋予了印度教神庙更加神圣的宗教气息。

2. 社会因素

　　中世纪时期，随着印度教理论的不断发展与完善，印度教信徒的数量不断增
多，规模日益扩大，南印度印度教神庙的建造活动越加盛行，神庙建筑的规模也
日趋扩大。神庙不但是进行宗教活动的场所，更是社会文化活动的中心，充当着
社会的各种角色。每逢一些重要的宗教节日都会在神庙中举行隆重的宗教活动，
因而为了便于众多信徒前来参加神庙内的宗教活动，此时的神庙大多建造在城市
道路的两侧，有些甚至位于城市的中心地带，成为一座城市的中心标志[1]。这种以
喧嚣的城市作为印度教神庙的建造地址，不仅考虑了印度教贴近大众的需求，便
于城市周边信徒的聚集，同时也体现了印度教融入世俗生活的倾向，追求喧嚣繁
闹的宗教氛围。此外，在这些城市神庙中通常也布置着一些商业与居住设施，有
销售祭祀物品与纪念品的商铺，也有为来自远方的朝圣者提供住宿的旅社等，这
些都反映了神庙建筑在发展的过程中更加融入市民生活的一种态度。
　　南印度的特里凡得琅在18世纪以后是特里凡科尔土邦王国的首都，伯德默

1　Adam Hardy .The Temple Architecture of India[M]. England: John Wiley & Sons Ltd, 2008.

图 3-6　伯德默纳珀斯瓦米神庙区位图　　　图 3-7　伯德默纳珀斯瓦米神庙圣池

纳珀斯瓦米神庙（Padmanabhaswamy Temple）就建造在这座城市的中心区域，位于铁路线的南侧，城市主干道圣雄甘地路的西侧，因而神庙周边交通便利，吸引了众多的信徒前来礼拜（图 3-6）。如今前往伯德默纳珀斯瓦米神庙礼拜的信徒依然络绎不绝，充满了愉悦的气氛，神庙俨然成为整个城市的象征。这座神庙是特里凡科尔王朝时期最大的宗教建筑，是一座院落式布局的组群，最外围院墙每边中央都设置入口山门，在神庙的东侧还设有一个大型的矩形圣池（图 3-7）。东侧院墙上的山门为瞿布罗形式，矩形基座上耸立高大的塔楼，外部涂以灰泥并装饰着诸神的塑像，在阳光的照耀下熠熠生辉，是整座神庙的标志性构件（图 3-8）。神庙南、北及西侧的入口山门具有喀拉拉神庙的特征，白墙红瓦，四坡顶前后两侧中央突起一个尖顶的天窗，地方气息浓郁（图 3-9）。内部院墙四周环绕有一圈柱廊，立柱上雕刻着优雅的少女雕像。她们手持灯火，形态优美。立柱上部的托架上雕刻着神兽和莲花花纹的图案，细部十分精致。柱厅位于内部院落的东南角，具有明显的达罗毗荼式神庙风格特征，多边形的立柱上雕刻着少女神灵的雕像十分引人注目。柱厅连接着中央的主体神殿，神殿的圣室平面为矩形，

图 3-8　伯德默纳珀斯瓦米神庙山门瞿布罗

内部供奉着一座躺卧着的毗湿奴石像，圣室外墙上装饰着当地风格的彩画。圣室上部屋顶为当地传统的坡顶形式，两边的木结构山墙上覆盖着层层铜片，笔者推测是为了降低木结构受雨水侵蚀等损坏的程度。另一座小型的克里希那神殿位于主体神殿的西北部，形成一个独立的院落，院墙上精致的镂空

图3-9　伯德默纳珀斯瓦米神庙地方式风格山门

花窗以及独特的坡屋顶形式彰显了地方风格的主导作用。

此外，在神庙东侧入口前连接着一条热闹的小街市，沿街两侧布置着一些销售花环、水果等祭祀贡品的店铺，为远道而来的朝圣者提供了便利。每逢一些重大的宗教节日，整个城市的信徒都来此参加宗教活动，神庙内部充满了欢快愉悦的气氛，显然神庙已融入了市民的生活之中，成为整个城市的一部分。

3. 政治因素

早期印度教神庙建造的初衷是为了表达信徒对众神的虔诚信仰，而到了后期，神庙建筑不仅成为夸耀经济实力与财富的手段，在一些强大的印度教王国中，神庙成为国王向民众宣传王权绝对化思想的媒介。8世纪后，随着南印度印度教改革的最终完成与印度教体系的完备，印度教在印度社会各个阶层中广泛传播，不仅吸引了众多的底层民众，同时也得到了封建统治者的支持。在这种背景下，统治者为了维护自身统治的稳定，往往将印度教与王权结合起来，宣告统治者权力的绝对化思想，利用宗教来实现政治上的目的 [1]。印度教在受到统治者的大力推崇后，发展更为迅速。此时神庙的建造活动多由王室赞助，常建于国王宫殿附近或是城堡周边。除了方便统治者进行日常的祭祀活动外，最主要的是为了向诸侯与民众展示印度教与王室权力的结合，通过这种手段将王权予以正统化，使诸侯忠

1　日本大宝石出版社.走遍全球：印度[M].赵婧然，译.北京：中国旅游出版社，2006.

诚于国王的政治考量，赢得自身统治的稳定。这些象征王室权力的神庙完全按照国王的意志而建，神庙内部供奉的象征物往往以国王的名字命名。虽然没有达到将人完全神圣化的程度，但这种象征性已说明大宇宙由神灵统治，而大宇宙的缩影——小宇宙则由国王来统治，王权的绝对化显示无疑。

图 3-10　罗摩神庙区位图

罗摩神庙（Rama Temple）位于维查耶纳伽尔王朝王宫的中心地区，当时的统治者提婆·拉亚拥有南印度大片领域，将该王朝的发展推向巅峰，即使是在北印度处于伊斯兰统治下的时期，南印度在维查耶纳伽尔王朝时期仍然是印度教发展最坚强的后盾。为了向众人展示印度教至高无上的地位以及维查耶纳伽尔帝国的繁荣强盛，提婆·拉亚在其宫殿附近建造了这座罗摩神庙，周边聚集着王公贵族的居所和王妃后宫等王室建筑。罗摩神庙主要供统治者进行皇家祭祀之用，是王权绝对化的象征（图 3-10）。

这座神庙的规模不大，是由一座主体神庙、配殿以及一些附属柱厅、柱廊构成的院落式布局（图 3-11）。入口山门与典型的达罗毗荼式神庙山门不同，这是一座小型的花饰庙门，宽阔的檐口由四根坐落在平台上的立柱支撑。四周的院墙顶部装饰着一列圆形顶饰，院墙被横向的线脚从下至上分为五段，每段装饰着一些以大象、烈马、士兵等为主题的浮雕，还有一些描绘欢快舞蹈的场景雕刻。主体神庙主入口门廊的立柱直接建造在地平面上，四周开敞通透，卷形檐口上部的护墙上装饰着泥塑雕像，讲述了罗摩王子加冕的历程（图 3-12）。这种形式的门廊主要用于为朝圣者提供庇护之所。柱厅的平面为方形，左右两侧分别设置小型门廊通向外部院落（图 3-13）。柱厅内部中央有一座略微抬高的小型平台，用于宗教节日舞蹈、戏剧等的表演，是

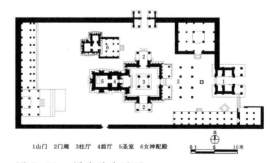

1山门　2门廊　3柱厅　4前厅　5圣室　6女神配殿

图 3-11　罗摩神庙平面

取悦神灵的媒介，平台四角矗立着四根黑色花岗岩雕刻的立柱，精致的细部装饰代表着维查耶纳伽尔雕刻艺术的成就（图3-14）。圣室平面为方形，与柱厅类似，外壁上排列着狭长的佛龛以及壁柱。壁柱间的凹壁内雕刻着一些描绘《罗摩衍那》故事场景的浮雕，形象生动。上部的毗玛那由砖砌筑，并饰以灰泥及雕塑，顶部覆盖一盔帽状盖石，在毗玛那东侧连接着一个拱顶状的突起。由于毗玛那高度适中，因而神庙整体显得协调得体。在主体神殿的西南方是一座女神配殿，由两个圣室共用一个前厅及柱厅，根据印度教教规的限制，其平面为矩形，虽然在平面上并不明显，

图3-12　主体神庙主入口门廊

图3-13　主体神庙北侧门廊

但可以从圣室顶部的筒状拱顶来辨别。与柱厅同轴的圣室供奉毗湿奴的妻子拉克希米，左边的圣室供奉另一位妻子布（Bhu）（图3-15）。这种在主殿左后方加

图3-14　柱厅中央平台

图3-15　主体神庙圣室与女神配殿圣室

建配殿的形式在维查耶纳伽尔时期十分盛行，这一形式的出现是基于礼拜仪式的发展，认为女神拉克希米应与毗湿奴获得同样的崇拜地位[1]。

第二节　空间类型分析

1. 单点式空间

南印度早期神庙建筑的体量规模较小，造型简洁。神庙通常是由单个圣室或者由门厅与圣室两部分构成，圣室是最核心最神圣的部分，神庙布局以圣室为中心，形成了一种简洁的单点式空间形态。

以圣室为中心的点式空间形态是基于曼陀罗的空间意向形成的，以中心大神梵天的所在为核心，体现印度神庙建筑"中心"这一主题以及"梵我如一"的哲学观念[2]。圣室，在印度教中被称为胎室或子宫，象征繁盛的生殖力，是神庙中最基础、最神圣的空间部位，内部供奉着印度教神灵的雕像或是其象征物，具有精神空间的属性。圣室的平面通常为方形，在东侧设置入口，其余三侧都为厚实的墙体。圣室内部是一个黑暗封闭的空间，内墙表面平淡朴素，并不装饰繁复的雕刻，旨在通过幽暗静谧的氛围渲染浓厚的宗教气息。圣室外墙上则装饰了大量的壁龛以及神灵的雕像，入口周边的门框上还雕刻着几何形的花纹图案。圣室上部的毗玛那成角锥状垂直向上，逐层递收，最终汇集于顶部的盖石，每层塔拉都排列佛龛单元，并装饰着以神灵、圣人以及神兽等为主题的雕刻，整体呈现出向上的动势。

另外，在一些早期神庙中入口处设置了门厅，作为从世俗界向神灵界过渡的空间，起到一个缓冲的作用。

默哈伯利布勒姆的穆昆达那亚纳神庙（Mukunda Nayanar Temple）是单点式空间的代表（图3-16）。这座神庙建于6世纪，是供奉给印度教主神湿婆的，神庙雕刻较少，风格较为

图3-16　穆昆达那亚纳神庙

1　M S Krishna Murthy, R Gopal.Hampi, The Splender That Was [M]. Mysore:Directorate of Archaeology and Museums, 2009.

2　谢小英.神灵的故事——东南亚宗教建筑[M]. 南京：东南大学出版社，2008.

图 3-17　神庙圣室上部毗玛那

图 3-18　神庙圣室内部

朴素。整座神庙位于一个下沉式的广场内，坐西朝东，由圣室及其前部的门厅组成，布局简单，体量较小。主入口处的门厅为矩形平面，前部设置导向内部的台阶，门厅两侧石墙砌筑，正面由两根石柱支撑，较为开敞。后部的圣室平面为方形，内部摆放着林伽与尤尼的组合物（图 3-17）。圣室内壁的雕刻十分朴素，仅在西侧内墙上雕刻着神灵的雕像。圣室上部的毗玛那仅由一层塔拉组成，四个角落装饰着一些微型亭，中央装饰萨拉式的楼阁，顶部通过塔颈支撑着一个盖石（图 3-18）。整座神庙的雕刻十分粗犷，门厅与圣室的外壁上仅雕刻着一些简单的壁柱，底部基座上装饰着一些简洁的线脚，这说明了早期的石砌神庙通常注重其形制的研究与探索，在细节方面有所忽略。

　　总体来说，仅由单个圣室或是由门厅与圣室组成的单点式空间的神庙，其空间形式比较单一，只能用于单独的宗教祭祀活动，对于大规模的礼拜活动无法提供充足的空间，带有较大的局限性。神庙整体体量较小，而且装饰简易朴素，在宗教氛围的渲染以及建筑细部的追求方面都有所缺陷。但单点式的神庙空间却是所有神庙建筑中最基础的空间组成单元，可以作为南印度神庙建筑空间形式的基本单元（图 3-19）。

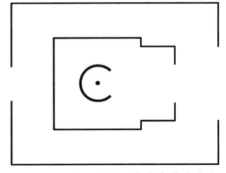

图 3-19　穆昆达那亚纳神庙单点式空间构成示意图

2. 线性式空间

随着神庙建筑的发展以及礼拜仪式的需要，在早期由门厅及单个圣室组成的单点式空间神庙的基础上在前部增加一门廊与柱厅，从而形成了门廊、柱厅、前厅以及圣室构成的空间组合。四个单元从前至后依次串联排列，位于同一条东西向的轴线上，因而在空间上形成了一条线性式的布局形态，这是南印度神庙建筑中最基本的一种空间形态[1]。

在这种线性式空间构成的神庙中，门廊位于东西向轴线的最前端，通过在前端或三侧设置台阶将人流引向神庙内部，起到引导的作用。作为导向空间，通常是由立柱支撑的开敞形式。门廊连接着后部的柱厅，柱厅在神灵的住所中充当宫殿的角色，其空间体量在整座神庙中是最大的，是信徒集会进行祭祀活动的场所，具有礼拜空间的性质。南印度神庙建筑中的柱厅往往采用封闭的形式，四周以石墙围绕，石墙上每隔一定距离雕刻镂空的花窗，阳光透过花窗进入室内，使得室内光线从最前端开敞明亮的门廊到终端封闭黑暗的圣室有一个过渡，预示着信徒距离神灵越来越近。柱厅通常为平屋顶，与门廊同等高度，在整体空间体量上取得一致。前厅连接着前部的柱厅与后部的圣室，起到过渡的作用，具有过渡空间的性质。它是由早期单点式空间神庙前部的门厅演变而来，通常为矩形平面，两边设门与室外相通，尽管平面尺寸较小，但在竖向体量上其高度高于门廊与柱厅，使得从前端门廊、柱厅较低的平屋顶到终端高耸向上的毗玛那在空间体量上形成一个过渡，达到视觉上的缓冲效果。此外，门廊与柱厅的雕刻常常引人注目，顶部雕刻的天花藻井形式多样，为室内空间增加了宗教文化上的内涵。

帕塔达卡尔的凯斯维斯瓦纳萨神庙（Kashi Visvanatha Temple）是线性式

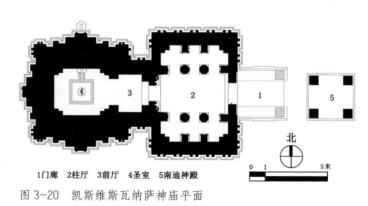

1门廊 2柱厅 3前厅 4圣室 5南迪神殿

北

0 1   5米

图 3-20　凯斯维斯瓦纳萨神庙平面

1　沈亚军. 印度教神庙建筑研究 [D]. 南京：南京工业大学，2013.

空间神庙的代表。这座神庙建于8世纪下半叶，坐落于早期遮娄其王朝留下的神庙群遗址中。神庙坐西向东，由门廊、柱厅、前厅以及圣室组成（图3-20、图3-21）。前端的门廊现已不存，神庙前部有一座位于同一轴线上的小型南迪神殿，四周开敞，上面摆放着公牛南迪的神像。神殿早期的外墙以及屋顶已遭损坏。柱厅的平面为长方形，内部排列着16根立柱，立柱上雕刻着印度教主神以及各种几何形图案的花纹，题材丰富，形态各异。由于柱厅四周较为封闭，因而内部的光线较为黑暗，烘托了强烈的宗教气氛，柱厅外壁上排列的佛龛单元丰富了外立面的形态。后部的圣室通过前厅与前部的柱厅相连，方形的圣室内部供奉有林伽与尤尼，象征着强盛的繁殖力。与之前所描述的毗玛那不同，这座神庙圣室上部的结构是北印度常用的悉卡罗形式，即屋顶的外轮廓呈曲拱形，类似于玉米状或竹笋状。同南印度流行的毗玛那一样，由多层线脚装饰，逐层向上递收，每层都装饰着马蹄形窗龛以及一些几何形的图案。在东侧悉卡罗中央装饰着一个较大的马蹄形窗龛，从中部一直贯穿至顶部，上面雕刻着神灵夫妻的神像。整座神庙的底座装饰着横向线脚，与殿身及上部悉卡罗上的雕刻相比显得有些简洁（图3-22）。

　　整体上，由门廊、柱厅、前厅以及圣室依次排列而形成的线性式空间较早期

图3-21　凯斯维斯瓦纳萨神庙

图3-22　神庙圣室

的单点式空间而言，在空间
形态上变得更加丰富完整，
更加符合宗教空间的行进秩
序。门廊作为引导信徒进入
神庙的入口，充当着导向空
间的角色，柱厅是信徒们集
会礼拜的活动场所，担当着
礼拜空间的属性，而前厅的

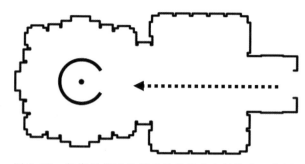

图 3-23　凯斯维斯瓦纳萨神庙线性式空间构成示意图

设置则是为了使礼拜空间到后部圣室这种神圣的精神空间之间有个过渡地带，从
而加强圣室的神圣地位。位于最后的圣室是整个空间的终端，具有神圣的精神属
性。如此一来就形成了导向空间—礼拜空间—过渡空间—精神空间依次排列的线
性式空间形态，四部分空间位于同一轴线上，由东方向西方依次行进，最后完结
于神庙的终端圣室所在的精神空间，这样一个完整的线性式空间序列赋予了神庙
这种宗教建筑强烈而又神秘的宗教氛围（图 4-23）。另外，在神庙整体的外部造
型上，通过将前厅的屋顶高度加高，使得神庙外部的屋顶高度依次增加，形成了
一个缓和的视觉效果，避免了后部高大的毗玛那形成的突兀感。

　　此外，由于祭拜仪式的需要，早期由单个圣室组成的神庙周围按照祭祀的轨
径形成了一圈回廊甬道。这种祭祀的法则在古印度婆罗门教的经典著作《摩奴法
典》中有相关的记载，即在印度教神庙中，围绕中心圣室按照顺时针方向进行绕
行仪式，顺时针方向的环绕形式与太阳自西向东的运行路径相一致[1]，在此过程中
信徒在精神觉悟上得到了提高，逐渐走向完美的精神境界。将围绕中心圣室进行
右旋仪式的绕行方式与线性式空间神庙相结合的形式，使得以圣室为中心的空间
形态得到了强化，增强了空间层次的向心性，使神庙内部精神空间的层次得到提
升，更加突显了圣室的中心地位。

　　线性式空间结合宗教仪轨的典型代表是帕塔达卡尔的马里卡玖那神庙
（Mallikarjuna Temple）。这座神庙建于 8 世纪中期，是遮娄其国王为纪念当时战
胜甘吉布勒姆的帕拉瓦王朝而建。神庙坐西朝东，由门廊、柱厅、前厅、圣室以
及回廊甬道构成，它们都位于同一条东西向的轴线上（图 3-24、图 3-25）。神

1　单军.新天竺取经——印度古代建筑的理念与形式 [J]. 世界建筑，1999（08）：20-27.

庙前端设置一个南迪神殿，如今只剩下一些残垣颓壁。门廊前端设置台阶，正立面由两根石柱支撑，形成开敞的布局。柱厅平面为方形，空间较大，内部排列着四排方形立柱，立柱上的雕刻多以神灵以及几何形的花纹图案为主题，整体被分为四段式。柱厅顶部天花上雕刻着大型的莲花藻井，细部精美。神庙中的前厅空间较为狭窄，连通着后部的方形圣室，圣室内部摆放着林伽与尤尼的组合体。在前厅与圣室外围环绕着一圈用于绕行仪式的回廊甬道，两端都与柱厅贯通，圣室与回廊上部的毗玛

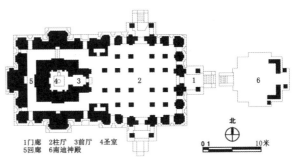

1门廊 2柱厅 3前厅 4圣室
5回廊 6南迪神殿

北

0 1   10米

图 3-24 马里卡玖那神庙平面

图 3-25 马里卡玖那神庙

那有三层塔拉，顶部为一盔帽状盖石。信徒在进入门廊与柱厅后，由左端开始进入回廊，沿顺时针方向绕行一圈，最终从右端走出回到柱厅，这个连续的行进式过程形成了一个完整的宗教礼拜仪式（图3-26）。整座神庙的细部雕刻比较精美，外壁上每隔一定距离排列一个相同大小的壁龛，其间雕刻着镂空的花窗，这也说明了此时的神庙建筑发展越加成熟，在追求内部空间丰富化的同时也注重细部的表现。

整体来讲，在一个线性式空间神庙的尽端增加一个环形式的回廊甬道，使得在由导向空间、礼拜空间、过渡空间以及精神空间依次排列组成的线性式空间的终端增加了一个环形式的空间，强化了精神空间的向心度以及层次感，圣室的中心地位得到了强调，圣室的神圣化更加明显（图3-27）。与此同时，在神庙建筑中的圣室周围环绕一圈回廊甬道，使得宗教仪式的行进过程更加完整，神庙内部的空间组合更加丰富多样，这种线性式空间结合环形空间的布局形态是南印度神

 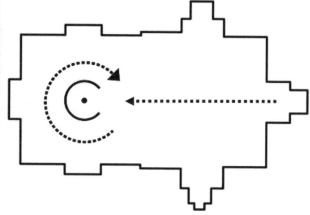

图 3-26　神庙内部回廊甬道　　图 3-27　马里卡玖那神庙线性式空间与环状空间构成示意图

庙建筑最常用的空间形态[1]。

3. 庭院式空间

中世纪是南印度神庙建筑迅速发展的时期，在经历了初期神庙建造的探索后，此时的神庙建筑形制已达到成熟，通常是一个院落式布局的建筑群体。庭院平面为矩形，中轴对称，主体神庙位于整个庭院的中央轴线上，其空间布局以前述的线性式空间为主。在主体神庙前部通常设置一小型的开敞式神殿，里面摆放着主殿所供神灵的坐骑，与主体神庙位于同一轴线上。庭院的外围是一圈石墙，在东侧主入口设置一高耸的塔楼瞿布罗，作为整个神庙的标志。院墙内侧通常环绕着一圈柱廊，一些小型神殿常常分散布局，在主体神庙的周围或是依靠院墙而建，整体形成了院墙包围中央主体神庙，周边零星散布着小型附属神殿这样一种庭院围合式的空间形态，这种空间形态是南印度神庙建筑中最典型的一种空间类型。此外，一些神庙院墙开始在四个方向都设置高耸的塔楼瞿布罗，加强了空间体量上的标志性。

庭院式空间神庙的典型实例是位于冈戈昆达布勒姆的布里哈迪斯瓦拉神庙（Gangaikondacholapuram Brihadishvara Temple）（图 3-28）。这座神庙建于公元1025 年，由国王拉金德拉一世主持建造，与他的父亲在坦贾武尔建造的神庙名称相同。神庙主要由南迪亭、门廊、柱厅、前厅以及带回廊的圣室组成，它们位于

1　沈亚军. 印度教神庙建筑研究 [D]. 南京：南京工业大学，2013.

东西向的轴线上，外围附有一圈院墙，山门位于东侧院墙的中央（图 3-29、图 3-30）。早期院墙内的双重柱廊如今只剩下遗迹，院落内部围绕中央的主体神庙还散布着一些小型神殿，可供信徒进行祭拜。

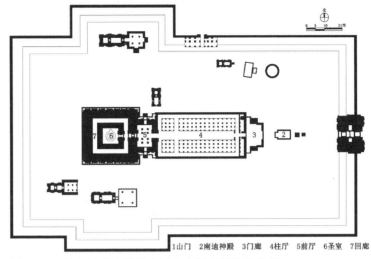

1 山门　2 南迪神殿　3 门廊　4 柱厅　5 前厅　6 圣室　7 回廊

图 3-28　冈戈昆达布勒姆布里哈迪斯瓦拉神庙平面

南迪亭形式简单，一个方形的底座上坐落着一个曲蹲着的公牛南迪雕像，由灰泥做成，是后期增加的。门廊两侧设置台阶，由此直上进入列柱大厅，柱厅内部由 150 多根立柱支撑，立柱将柱厅中部围合成一个狭长的廊道，这种大柱廊成为后期南印度神庙中的"千柱堂"的基础形式[1]。柱厅为平屋顶，高度较矮，底部是早期花岗岩砌筑而成的基座，并装饰着狮子的雕像，墙体是后期用砖材建造修复的，南侧外壁上排列有一些神龛，早期精致的雕刻装饰已不存在。前厅左右两侧设有通向院落的大门，整体高度相对柱厅有所增加。圣室为方形平面，环绕有一圈回廊，内部供奉的林伽高度达 9 米。圣室上方

图 3-29　布里哈迪斯瓦拉神庙

图 3-30　神庙院落内部

1　Susan L Huntington. The Art of Ancient India[M]. Delhi: Motilal Banarsidass, 2014.

的毗玛那有 9 层塔拉，高度达 50 米，逐层向上递收，与通常的毗玛那形式不同。这座神庙上部的毗玛那轮廓呈现出凹凸的曲线形，带有一种优雅而柔美的感觉（图3-31）。此外，神庙圣室外壁的雕刻

图 3-31　神庙圣室　　　　　图 3-32　金迪萨恩赐像

十分精彩，刻有印度教万神殿各种神灵的塑像，形态各异，其中前厅北门外的神龛内雕刻着"金迪萨恩赐像"的浮雕[1]，描述的是金迪萨，即拉金德拉一世虔诚地跪拜于湿婆膝下，湿婆将胜利花环缠绕在他的王冠之上，帕拉瓦蒂坐在一旁观看的场景，这些雕刻无疑显示了朱罗王朝雕刻艺术的非凡成就（图 3-32）。

　　整体来讲，庭院式空间的神庙无论是在建筑体量还是在细部雕刻上都有所发展，其体量规模更加庞大，细部雕刻更加精致，成为吸引信徒的主体建筑。主体神庙通常位于庭院的中央，是整座神庙组群的宗教象征，也是整个庭院式空间中的主导空间。整个庭院形成了一个以中央线性式空间为中心，周边散布附属空间的庭院围合式的空间形态。分散的小型神殿是为了满足宗教礼拜仪式的扩大化需要而逐渐形成的，它们的出现丰富了神庙组群的空间组成。此外，神庙外围的院墙将世俗界与神灵界相

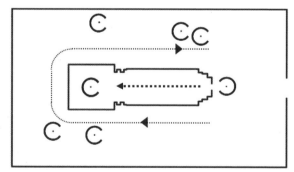

图 3-33　冈戈昆达布勒姆布里哈迪斯瓦拉神庙庭院式空间构成示意图

1 C Sivaramamurti. World Heritage Series: The Great Chola Temples[M]. New Delhi: The Director General Archaeological Survey of India, 2007.

隔离，使信徒也可以在院墙内部的露天庭院中进行宗教活动，而不必局限于黑暗的圣室内部，神庙整体的宗教氛围有所淡化，逐渐出现向世俗化发展的倾向（图3-33）。

4. 聚落式空间

中世纪后期南印度神庙建筑的空间规模已达到空前的程度，有些神庙在庭院式神庙群体组合的基础上发展成一座小镇的规模，前来朝拜的信徒接踵而至，神庙成为整个城市空间的中心。此时的神庙为了满足内部祭祀活动以及远道而来的信徒对于供奉物品的需要，内部开始布置商业设施、可供信徒借住的旅馆等配套设施，当然这些设施并不设置在神庙最内部，以免打扰神灵的居所。因而前期的庭院式空间神庙开始逐步向外层扩展，出现了多个庭院式空间相组合，外围又环绕多层院墙的复合式神庙群。这种神庙组群形成了一种聚落式的空间形态。在外围的多层院墙中同样也布置着一些小型的附属神殿及其他建筑，靠近内部的院墙周围通常环绕一圈柱廊，增加空间上的层次感。聚落式的空间形态成为南印度后期大型神庙群空间的最终形式。

位于南印度南端拉梅斯沃勒姆（Rameshwaram）小岛上的拉玛纳萨神庙综合体（Ramanatha Complex Temple）是这种聚落式空间神庙的典型代表。拉梅斯沃勒姆是印度教四大圣地之一，是印度距离斯里兰卡最近的地方，岛上的这座大型神庙综合体中部古老的神殿建于潘迪亚王朝时期，随后逐渐有所扩建，大部分建筑都建于17—18世纪期间。这座神庙综合体坐西朝东，由入口门廊、柱廊柱厅、罗摩神殿、帕拉瓦蒂神殿以及一座圣池五部分构成，周边环绕有三重矩形的院墙，院墙中部还建有高

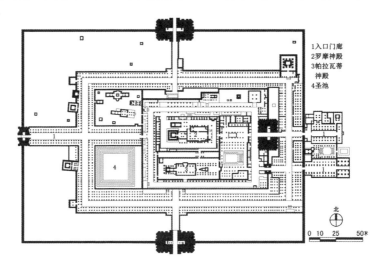

图3-34　拉玛纳萨神庙综合体平面

大的塔楼瞿布罗，成为整个神庙群的标志性建筑（图3-34）。神庙东侧有两个主入口，右侧入口与湿婆神殿同轴线，左侧入口与帕拉瓦蒂神殿同轴线，两个主入口前端都连接着柱廊，以此来强调主入口的位置。神庙最外围院墙的南、西及北三侧中央都耸立着一座高大的瞿布罗，上部的塔楼整体呈一片白色，装饰着一些白色的神像等雕塑（图3-35）。西侧的入口通过长条形的柱廊与第二重院墙连通，其内部四周环绕着多重柱廊，中央分割出一条廊道。大型的宽敞柱廊都是18世纪加建的，四周贯通，连绵不断，南北柱廊的长度达

图 3-35　神庙山门

图 3-36　神庙内部大型柱廊

203米，规模巨大，令人惊叹不已[1]。每根立柱都由大块的花岗岩雕刻而成，比例协调，立柱悬臂上雕刻着涡形与莲花图案的装饰，柱盘上部雕刻着卧伏的神兽，下面的神灵雕塑形态各异。这些立柱都坐落在底部装饰着线脚的基座平台上，是整座神庙综合体中最为华丽的部分（图3-36）。柱廊顶部天花上装饰着徽章形图案的彩画，精致优美。神庙中的圣池位于第二重院落的西南部，四周设置层叠的台阶通往池边。最内层的院墙东侧建有一座高耸的门塔，与外围入口处的门塔建于同一时期。内部的罗摩神殿位于院落北侧，由柱厅、前厅及圣室组成，圣室内部供奉着林伽，上部的毗玛那较为低矮，与四周高耸的瞿布罗形成鲜明的对比。帕拉瓦蒂神殿位于院落的南侧，这两者之间通过柱廊相连，两座神殿前部都通过

1　Geoge Michell. Architecture and Art of Southern India[M].London: Cambridge University Press,1995.

柱廊连接着一座南迪神殿。神庙综
合体的每重院落内还散布着一些附
属的柱廊、柱厅以及附属神殿，规
模之大犹如一个神庙小镇。此外，在
神庙外围院落中还设置着一些销售
祭祀物品的商铺以及为来自远方的
信徒提供住所的旅馆等设施，使得
整座神庙中充满着喧嚣愉悦的气氛。

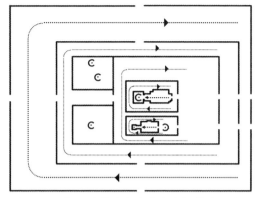

图 3-37　拉玛纳萨神庙聚落式空间构成示意图

　　总体而言，由多个院落组合、
外围又环绕多层院落构成的聚落式
空间神庙往往注重其体量规模的发展。与早期的小型神庙不同，此时的神庙不再
以营造昏暗静谧的宗教氛围为主要目的，而是主张与人们的生活相融合，通过扩
大神庙的空间规模来满足更加丰富多样的宗教仪式的需求，从而吸引更多的信徒
前来参加宗教活动，以维持神庙事务的继续经营。神庙外部的门塔瞿布罗通常装
饰着灰泥或是五光十色的神灵塑像，而内部的柱廊、柱厅等往往也装饰着五彩的
天花藻井，渲染了一种世俗化倾向的氛围。每当重大的宗教节日，神庙内部都会
举行隆重的宗教活动，而神庙群中的一些商业、居住设施等的建立也表明着神庙
成为人们生活中的一部分，其大型的体量规模在城市中占据着一席之地，成为整
个城市空间的一个焦点（图 3-37）。

第三节　构件要素分析

1. 佛龛

　　神庙建筑通常在意其外部形式上的表达，而不是神庙内部结构上的支撑与荷
载逻辑的作用。早期的砖石神庙建筑是模仿木材建筑的形式建造的，是将木构建
筑的语言转用于整石建筑之中，这种转用的描绘是正式且具有象征性的，而不是
文学化或是"构造学"的[1]。对于这种建筑特征最明显的表达是佛龛（Aedicule），
即一种小型神殿的缩小版，亦称神龛。佛龛两种类型的原型最早出现在佛教建筑

1 ［英］丹·克鲁克香克.弗莱彻建筑史 [M].郑时龄，支文军，卢永毅，等译.北京：知识产权出版社，
2011.

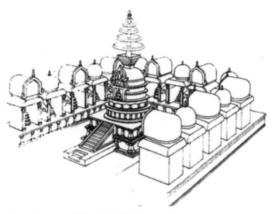

图 3-38　塔赫特巴西寺庙

图 3-39　浮雕中的佛龛

塔赫特巴西（Takhi-e-Bahi）寺庙中，这座寺庙四周的佛龛小室成为后期印度教神庙建筑中神殿以及神龛的基础形制（图 3-38）。在伦敦大英博物馆中保存的一块公元 2 世纪的浮雕详细描绘了其中的一种类型，两根科林斯式的立柱上部支撑着茅草天篷，上部还冠有一个帐篷形式的顶部（图 3-39）。

　　然而，随着神庙建筑规模的不断扩大，神殿以及上部的塔楼引起了多层天宫理念的重视，在这种理念中，象征神灵的居所——神庙应有许多个宅邸，每个大宅应由许多个小房子构成，它们的形式与规模大小不同，因而复合式的神殿在整体上往往可以被理解成是由多个佛龛单元组合而成的，每个佛龛的形象反映着这个单元所代表的神灵居所的一个整体。这些佛龛之间是形式结构的关系而并非具有实际功能的结构关系。

　　（1）佛龛结构分析

　　南印度早期神庙建筑通常是由单个圣室组成的独立式神庙，其本身就是一个佛龛构成单元。以帕塔达卡尔神庙群遗址中的马里卡玖那神庙的中央佛龛单元为例分析其结构组成，佛龛整体从下到上主要由底座、龛身、檐部以及上层结构四部分构成，形成最基础的两层式佛龛结构[1]（图 3-40）。

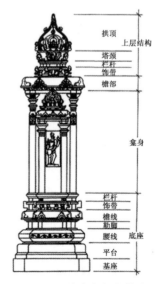

图 3-40　佛龛各部位构成

1　Adam Hardy ,The Temple Architecture of India[M]. England: John Wiley & Sons Ltd, 2008.

　　底座是佛龛的基础，是支撑整个佛龛或神殿最重要的部位，其高度约占整个佛龛高度的三分之一。将成熟形制的底座进一步划分，从下到上依次由基座、平台、腰线、勒脚、檐线、饰带以及栏杆七部分组成，檐线所在的位置通常与神庙室内的地坪高度相同，腰线、檐线以及饰带上常常装饰有一些几何图案的花纹雕刻以及一些神兽的雕像。龛身位于栏杆线脚之上，四个角落是四根达罗毗荼式风格的立柱，代表早期木结构建筑中的角柱，支撑着上部的檐口，龛身内部常常设置内凹的壁龛，用于供奉佛龛单元所居住的神灵的雕像。檐口模仿早期木结构建筑中的茅草顶棚，单层形式，末端向外弯曲，后期形成明显的"S"形曲线，整体线条较为柔和。檐口上部支撑着一个上层结构，从下至上依次由饰带、栏杆、塔颈以及拱顶构成，其形式类似于一个楼阁建筑，依然是早期木构建筑顶部帐篷形式的模仿。饰带与塔颈上装饰着一些神兽以及侏儒、圣人等形象的雕塑，顶部的拱顶形式多样，最基础的有穹隆顶、筒状拱顶以及马蹄形拱顶三种形式，一些复杂的佛龛顶部往往综合了以上两种或三种拱顶形式。

　　（2）佛龛类型分析

　　早期的佛龛单元形式较为简洁，平面通常为规整的方形或矩形形式，根据其顶部楼阁建筑的不同形式可以分为库塔式、潘久拉式以及萨拉式三种类型[1]，其底座、龛身及檐口形式大致相同（图3-41）。

　　库塔式佛龛的平面为方形，上层结构中的屋顶呈穹隆状，顶部装饰着一个宝瓶状的顶尖饰。穹隆状屋顶的形式较多，其平面有方形、八边形以及圆形等形式，这种形式的佛龛由于体量较小通常位于神殿的四个转角。潘久拉式佛龛平面也为方形，在上层结构中的饰带、栏杆以及塔颈之上冠以一个马蹄形拱顶，顶部外轮廓曲线更为柔和，这种形式的佛龛通常位于神殿的中部与转角之间。而萨拉式佛龛平面为矩形，上层结构的屋顶呈筒拱状，在其中央往往镶嵌着一个马蹄形拱顶，这种形式的佛龛由于体量较大而位于神殿的中部。神殿往往是由这三种佛龛通过一定的组织而构成，遍布于神殿上下，不同的组织形式形成不同的神庙风格，使得南印度神庙建筑的形式丰富多样。

　　随着神庙建筑师理念的不断更新，大约10世纪时期在南印度卡纳塔克邦地区出现了错列式佛龛和双重错列式佛龛两种新形式，它们由基础佛龛形制演变而

1　Adam Hardy .The Temple Architecture of India[M]. England: John Wiley & Sons Ltd, 2008.

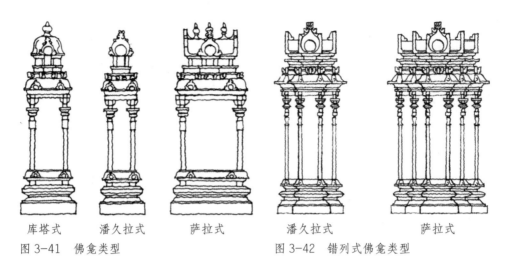

图 3-41　佛龛类型
　　库塔式　　　潘久拉式　　　萨拉式　　　　潘久拉式　　　　萨拉式

图 3-42　错列式佛龛类型

来，在平面及外部形式方面都有所改变（图 3-42）。错列式佛龛是指在萨拉式佛龛的中部增加一个潘久拉式佛龛单元，同时将潘久拉式佛龛整体向外突出，在平面上表现为中部的突起，而在立面上则形成了萨拉式—潘久拉式—萨拉式三个佛龛依次排列的形式。双重错列式佛龛是在错列式佛龛的基础上在中部再增加一个潘久拉式佛龛单元，并整体向前突出，在平面上呈折角形，在立面上则形成了萨拉式—萨拉式—潘久拉式—萨拉式—萨拉式五个佛龛依次排列的形式。与上述简洁的佛龛相比，错列式佛龛表现出了一种强烈的离心力，形象地描绘出神庙内部所蕴含的一种动态力量 [1]。此外，错列式佛龛的复杂形式也为南印度神庙建筑注入了新的活力，使神庙建筑的外部形式越加多样化。

　　值得注意的是，如同后期多层毗玛那组成的复杂的神殿形式，8 世纪在泰米尔地区的阿加提斯瓦拉神庙（Agastishvara Temple）中出现了三层式佛龛单元的样式，即在底层龛身之上叠加一个基础的两层式佛龛单元构成（图 3-43、图 3-44）。这种形式的佛龛通常位于神庙主殿的中央，佛龛单元整体向前突出，在立面上形成一个上下贯通的整体，强调了神殿中心方向上的垂直构图。

2. 石柱

　　石柱虽然不是构成神庙最主要的建筑语言，但却是支撑神庙内部空间最主要的构件。石柱的起源最早可以追溯到阿育王时期，其形式通常与佛教建筑相关联。

1　Adam Hardy .The Temple Architecture of India[M]. England: John Wiley & Sons Ltd, 2008.

图 3-43　神庙中部三层式佛龛单元　图 3-44　三层式佛龛单元立面　图 3-45　阿育王石柱

阿育王时期的石柱柱身由整块巨石雕凿而成，上部的柱头呈垂花式倒钟状，柱头上坐立着狮子、大象以及公牛等动物的雕像（图 3-45）。倒钟状垂花式这种形式充满了象征意味，后来逐渐演变为灌状形，主要运用在石柱的底部或是建筑基座的线脚处。在阿育王石柱上部出现的带肋的垫状柱头[1]，在之后的神庙石柱中广为应用，并出现了许多变体。在笈多王朝时期，石柱与壁柱的形式繁复多样，有些石柱的柱头呈漫边宝瓶状[2]，上部承载着柱冠与托架，还有一些石柱带有垫状柱头，上部通常刻有波纹或是莲花图案的线脚，两种形式的石柱成为南印度神庙内部柱式的基础形制。

　　南印度的达罗毗荼柱式有着显著而稳定的特征，它们通常位于神庙的门廊、柱厅以及前厅内部。石柱通常由柱基、柱身以及柱头三部分组成，石柱的基座位于最底端，多达三道线脚，柱头上部往往是托架，为顶端的横梁提供较大的承载力。石柱柱身是通过将一些独立的石柱体块在垂直方向上进行堆积组合形成的，不同的石柱体块以及不同的堆积序列形成了不同的柱式类型。当然，装饰雕刻的主题以及模式也是石柱构成的一部分。石柱各部分的堆积序列并不是灵活多变的，它所包含的内部逻辑性充满了拟人化的特性。因而根据不同类型的体块元素、组

1　垫状柱头：柱头处理成类似一块带肋的帽盖。

2　漫边宝瓶状柱头：柱头处理得类似花瓶状。

织序列以及雕刻形式将石柱分为圆形式、罗曼式以及漫边式三种类型[1]。

（1）圆形式

这种形式的石柱有着一个明显的特征，即石柱体块构件每面都雕刻有圆形图案或是半圆形图案的花纹。圆形图案的装饰花纹最早可以追溯到佛教建筑中的栏杆装饰，半圆形图案的花纹也比较常见，通常通过几个圆形或是半圆形的图案花纹相互串联延伸而布满整个石柱表面。圆形图案的花纹也成为其他柱式的装饰题材，通常装饰在柱身部位，通过向上或向下延伸的方式充满整个石柱体块。后期，这种圆形图案逐渐演变成马蹄形或是菩提树叶图案的花纹样式。

圆形式石柱的构成较为简单，通常由柱身与柱头两部分组成，无柱基，这

图 3-46　维鲁巴克沙神庙柱厅内部石柱

种类型的石柱至少在 8 世纪之前仍然很常见。柱身往往由几个装饰着圆形图案的体块构成，有些石柱体块表面并无雕刻装饰，在柱身之上通过柱颈连接着顶部柱头，柱头通常为方形石柱体块，上面雕刻着圆形图案的花纹，顶部承载着横梁与托架。帕塔达卡尔神庙遗址群中的维鲁巴克沙神庙柱厅内部分布着大量的圆形式石柱，这些石柱形式简单。笔者推测在早期神庙中石柱主要起承受上部荷载的作用，因而对于石柱各部位的组织变化以及形式并无过多要求。石柱整体立面呈直线形，体现出简洁粗犷、雄浑刚劲的特色（图 3-46）。

（2）罗曼式

罗曼式的石柱构成条理分明，也被称为达罗毗荼柱式，其鲜明的特征是石柱上的一种罗曼式构件元素，即垫状柱头。这种构件带有竖向的凹槽棱纹，通常立面呈八边形，外轮廓曲线柔和，被处理得像一块有勒的帽盖（图 3-47）。罗曼式构件元素出现的时间较早，在公元纪年初的南印度阿马拉瓦蒂窣堵坡的浅浮雕

1　Adam Hardy. The Temple Architecture of India[M]. England: John Wiley & Sons Ltd, 2008.

上就出现了将这种构件作为唯一的顶部元素的壁柱，后期这种构件元素逐渐运用到了神殿底座的线脚装饰上，位于底座平台之上的腰线部位[1]。

图 3-47 罗曼式构件元素

　　早期的罗曼式石柱形式简单，由柱身和柱头两部分构成，无柱基，且柱头之上直接承载着托架与横梁。成熟形制的罗曼式石柱从下至上由柱基、柱身以及柱头三部分构成。上部罗曼式柱头之上增加了一个莲花图案的线脚，之上是起承载作用的柱头顶盘，两部分的组合形式与古希腊多立克柱式上的钟形圆饰相似，柱头顶盘上部承接托架与横梁。罗曼式立柱的柱身通常有两种形式。一种为曲线形，即柱身底部为一规整的方形石柱，柱胸通常为钟状形，柱颈为花瓶状，常常雕刻着竖向的棱纹或是植物图案的花纹，各部位之间又通过圆形或多边形的扁平状石柱体块相连接，因而石柱的横断面形式多样，而柱身外轮廓整体呈现曲线形，柱式整体显得细腻柔美，赋有女性曲线美的特征（图 3-48）。另一种柱身为直线型，常用于卡纳塔克地区的神庙中，石柱柱身由几段方形或长条形的石柱体块组成，柱胸以及柱颈上装饰着一些植物图案或是马蹄形图案的花纹，亦或是竖向的棱纹，柱式相较而言比较简洁，整体显得粗犷豪放，刚强有力（图 3-49）。罗曼式石柱因其丰富的样式也常用做神庙外壁的装饰性

图 3-48 罗曼式曲线形石柱

图 3-49 罗曼式直线形石柱

1 Adam Hardy. The Temple Architecture of India[M]. England: John Wiley & Sons Ltd, 2008.

壁柱。

（3）漫边式

漫边式石柱各部位的组织构成具有不固定性，但是它一个明显的特征是漫边宝瓶状构件元素，其形式是在一个花瓶状的石柱四角装饰植物图案的花纹，整体形成方形的石柱体块（图3-50）。漫边宝瓶状的构件元素常出现于柱头或柱身的底部。由于这种构件元素需要方形规则的石柱作为加工基础，因而其横断面形式较为单一，只能通过改变立面高度来丰富其样式。

图 3-50　漫边宝瓶状构件元素

早期的漫边式石柱形式简洁大方，由柱身与柱头两部分构成，多边形的柱身之上直接承载着漫边宝瓶状的柱头，与早期的罗曼式石柱形式相似，唯一的区别在于顶部柱头的形状。然而在9世纪，由于神庙建筑中对复杂的石柱样式的需求，漫边柱式的石柱各构成部位之间开始增加了新的构件元素。石柱整体由柱基、柱身以及柱头三部分构成，漫边宝瓶状构件元素可位于柱头或是柱身中部，但无论在哪个部位，在其与顶部的托架之间往往增添了一种或多种方形石柱体块，由下至上的组织秩序依次为：以涌出的珠状物为图案雕刻的方形石柱体块；上部是雕刻着涡形花样的石柱体块，其形式与漫边宝瓶状

图 3-51　漫边宝瓶状构件元素位于柱头

图 3-52　漫边宝瓶状构件元素位于柱身

构件有些相似，但是更接近顶部的托架；最上层是罗曼式的柱头以及柱头顶盘（图3-51、图3-52）。这些石柱体块元素的注入使得石柱整体的形式愈加复杂多样，作为神庙建筑内部空间的一部分，其多样化的类型以及表面丰富的雕刻内容为神庙建筑增添了活力。

表 3-1　神庙石柱类型表

类别	特征	类型	图示	实例
圆形式	有柱身与柱头，无柱基，构件元素为雕刻有圆形或半圆形图案的石柱体块		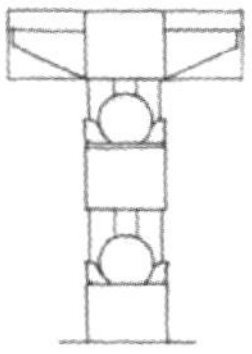	帕塔达卡尔圣迦梅什瓦拉神庙
罗曼式	由柱基、柱身以及柱头三部分构成，主要特征为罗曼式构件元素	曲线形柱身：柱身底部为方形石柱体块，柱腰为钟状形，柱颈为花瓶状形，中间各个部位为圆形或多边形石柱体块，整体柱式具有曲线美的特征		哈韦里（Haveri）悉达哈拉梅斯瓦拉神庙（Siddharameshvara Temple）
		直线型柱身：柱身由多个规整的方形石柱体块组织而成，整体柱式具有刚劲雄浑的特征		甘吉布勒姆韦孔塔·白鲁马尔神庙
漫边式	由柱基、柱身以及柱头三部分构成，有时无柱基。特征是漫边宝瓶状构件元素，通常位于柱头或柱腰部位	有柱身以及柱头，无柱基。漫边宝瓶状构件元素位于柱头		帕塔达卡尔卡西·维希维希瓦拉神庙
		石柱由柱基、柱身以及柱头这三部分组成。漫边宝瓶状构件元素位于柱腰，柱头上部有罗曼式柱头以及柱头顶盘		韦洛尔加拉坎特斯瓦拉神庙

3. 天花

天花是神庙建筑内部空间一个重要的组成元素，它以早期木构建筑的屋顶天花为原型，模仿木构建筑中将椽子用钉子接合在一起的形式。神庙天花的整体布局以曼陀罗图形为基础，整体为一个方形的版块，内部通过逐层后退的方式分割成不同的版块，中部版块内凹深度最大，外部版块逐层向外突出，形成一种离心式发散状的布局形式。然而，随着神庙建筑的迅速发展，天花在形式上的追求开始多于实际的功能需要，神庙建筑师对于天花的研究集中于其形式的改变。后期神庙建筑中出现了圆形穹顶式天花，这种天花的精美形式往往连文艺复兴时期的伟大建筑师都不曾想象过，它们与形式变化多端的哥特式壁龛的华盖有异曲同工之处，令人赞叹。天花依据其中心元素的不同形式可分为平板式与穹顶式两种类型[1]。

（1）平板式天花

平板式天花出现较早，在神庙建筑中是最常用的一种天花形式。其平面以曼陀罗图形为依据，中心为一个方形版块，以此方形版块的四个顶点为中心，在外部套叠一个方形版块，外部方形版块的四个三角形石板作为衔接转角的媒介，依次类推，最终形成一个以方形版块为中心、四周逐层向外发散的离心式构图模式（图3-53）。中央方形版块内凹程度最深，四周版块逐层向外发散的同时背离式地向外突出，这种形式体现了一种强有力的生长模式，同时也是宇宙无穷的动态力量

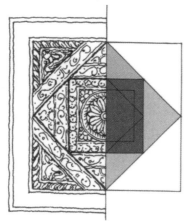

图 3-53　平板式天花平面　　　　图 3-54　平板式天花

1　Adam Hardy. The Temple Architecture of India[M]. England: John Wiley & Sons Ltd, 2008.

的显现。平板式天花的雕刻通常以莲花图案为母题，也有少数以人物雕像为母题。天花中部的方形版块内雕刻着一个圆形的莲花图案，莲花的花蕊中间延伸出一些花瓣垂饰，而方形版块的四个角落节点通常雕刻小型花朵图案，边界上雕刻着花瓣形图案的装饰，整体描绘了大自然中莲花的生长形式（图3-54）。后期的雕刻形式丰富多样，天花的中部版块被分割成多个小型版块，每个小型版块中部雕刻莲花形图案，较前期而言雕刻更加精细。整体而言，平板式天花由于逐层向外突出的构成需要足够厚度的单个版块，或是通过多个版块连接来创造可供雕刻的空间，因而具有一定的局限性，可供雕刻的空间较小，形式较为简单。

（2）穹顶式天花

穹顶式天花大约出现于8世纪，此时神庙内部屋顶的枕梁式结构技术得到了较大的发展，为圆形穹顶式天花的发展创造了基础。穹顶式天花整体为一个方形的版块，中部是一个向上隆起的圆形穹顶，代替了早期雕刻莲花形图案的平整版块，剩余四个角落呈三角形版块。圆形穹顶的平面呈扩展式的日晷图形式[1]，即平面以一个圆形图案为中心，通常装饰一个下垂的花蕊般垂饰，外部以此为轴心逐层向外发散，形成多圈环绕的同心圆构图模式。外圈的雕刻主题丰富多样，但多以植物形几何图案为主。一种常见的形式是在外圈以多个半圆形花瓣图案相互串联，逐层向外突出，形似一朵盛开的莲花，表现出一种离心式向四周扩散的动态力量（图3-55）。在穹顶的下端有时雕刻一圈姿态优美的少女雕像，活灵活现。在三角形版块中往

图 3-55　穹顶式天花平面

图 3-56　穹顶式天花

1　Adam Hardy . The Temple Architecture of India[M]. England: John Wiley & Sons Ltd, 2008.

往雕刻着小型花朵的图案，最外部版块的边界上雕刻一些莲花花瓣的图案，与中部的穹顶雕刻相比显得有些朴素平淡。整体而言，圆形穹顶中多圈环绕以及逐层向外突出的形式产生了一种复杂的空间深度感，与神庙内部神秘的宗教氛围相得益彰，与此同时，它也为天花的雕刻提供了丰富的展示空间（图3-56）。

4. 斜撑

斜撑是南印度喀拉拉式神庙建筑中一种特有的结构性构件，同时也是展示神庙建筑雕刻艺术的主要部位。斜撑往往位于神庙山门或是圣室的檐口部位，是一个长条形的木块，其顶部与神庙檐口的木架结构相衔接，底端嵌入砖石砌筑的墙体内部，通过螺栓旋拧的方式将其加固，作为支撑檐口挑出屋檐的结构性构件。斜撑依据其所在的位置可分为两种类型，即檐角斜撑以及非檐角斜撑。檐角斜撑位于神庙建筑屋檐的角落，而非檐角斜撑则每隔离一定距离均匀分布于檐口四周，它们共同承担着屋顶檐部的荷载。

斜撑除了作为神庙的结构性构件外，还有一个重要的属性是作为雕刻艺术的载体。早期喀拉拉式神庙建筑中的斜撑构件形式简单，仅仅在长条形的木块上雕刻一些简单的花纹式样，后期随着印度教偶像崇拜的大力推崇以及对神庙装饰艺术的追求，神庙建筑中的装饰日趋繁复精致，作为结构性构件的斜撑也开始装饰以神灵为主题的雕刻。位于喀拉拉邦南部伊科姆地区的湿婆神庙建于16世纪，内部圣室平面较为独特，为椭圆形，圣室上部的屋顶为圆锥体形状，屋面倾斜而下，宽大的檐口由下部雕刻精美的斜撑支撑（图3-57）。整个斜撑木块被雕刻为神灵的雕像，仅在

图3-57　湿婆神庙圣室檐口斜撑

底部保留有一小块木块以便与墙体衔接。斜撑表面涂以彩绘，与外壁上五彩的壁画共同体现了印度教神庙后期一种追求喧嚣的世俗氛围的特点。

第四节　宗教理念分析

1. 平面中的曼陀罗理念

在宗教神学所体现的宇宙观念中，神的世界是一个充满和谐、秩序井然的组织结构，而神庙建筑作为神灵在人间的住所，无疑也展现着和谐、秩序以及匀称的艺术意蕴。在印度教神庙建筑中，这些和谐、秩序的宇宙模式往往通过印度教神庙建筑的平面布局来进行诠释，表现在具有深刻象征意味的曼陀罗图形中。印度教的神庙建筑平面通常以具有象征意味的曼陀罗图形为设计依据，曼陀罗是一种同心结构的图形，有三种形式：方形、圆形以及方圆相含[1]。在印度，圆形的曼陀罗具有不确定、不明确的意味，象征着天球，用于佛教建筑的平面设计，如佛教窣堵坡的平面就是在圆形的平面中央竖立一根立柱来作为宇宙之轴。方形的曼陀罗形式具有明确以及稳定之意，象征着次序、明晰的形式，成为印度教神庙建筑平面首选的形式。

曼陀罗最基础的图形是原人居曼陀罗（Vastupurusa Mandala），其图案形式表现为一个方格形状的对角线上安排了一个蜷伏着的人体，在印度教中称为生主，这种图示与宇宙的产生历程及其结构有着一定的联系（图 3-58）。在这个方形的图案中，生主之神位于方形中央的脐部，在他四周围绕着日月诸神。在东南西北四个方向的正中是伐楼那、因陀罗、俱吠罗（Kubera）以及阎摩（Yama），他们作为守护世界的天王而存在，共同护卫着世界的中心。神庙建筑中的圣室空间就位于原人居的脐部，是整个神庙最神圣的部位[2]。

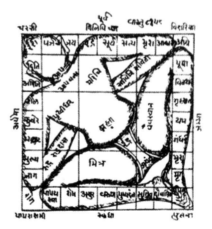

图 3-58　原人居曼陀罗

柏克哈德通过研究发现，印度教神庙建筑所反映的原始曼陀罗形式较多，根

1　王贵祥. 东西方的建筑空间：传统中国与中世纪西方建筑的文化阐释[M]. 天津：百花文艺出版社，2006.
2　谢小英. 神灵的故事——东南亚宗教建筑[M]. 南京：东南大学出版社，2008.

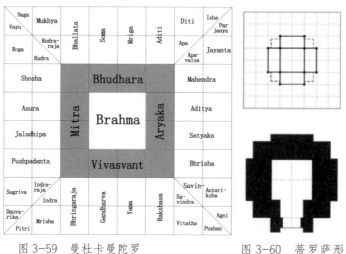

图 3-59　曼杜卡曼陀罗　　　　　　　　　图 3-60　蒂罗萨形
圣室平面

据划分小方格数量这一方式分类，其类型可达 32 种。偶数划分产生的最基本的形式为"田"字形，奇数划分则为"井"字形。在偶数划分的曼陀罗图形中，中心象征着主神湿婆，四周环绕的部分是湿婆不同变体的象征；奇数分割的曼陀罗则如宇宙模型[1]。在印度教中，最典型的曼陀罗图形是 64 格划分的曼杜卡曼陀罗（Manduka Mandala）以及 81 格划分的帕拉马萨伊卡曼陀罗（Paramashayika Mandala），这两种形式是印度教神庙建筑设计中最基本、最常用的形式。

曼杜卡曼陀罗是在原人居曼陀罗的基础上演变而成的，它是 64 格分划的偶数形式，每边 8 个方格（图 3-59）。曼陀罗图形中，中央 4 个方格代表大神梵天的居所，紧靠其外围各边分别设置一位神灵，蛇神居于东方，太阳神居于南方，日神居于西方，而布达哈拉（Bhudhara）居于北方。这种形式的曼陀罗在湿婆教、毗湿奴教神庙建筑中使用较为普遍。以曼杜卡曼陀罗为基础的印度教神庙圣室的平面为"蒂罗萨"（Triratha）[2]形，中央四个小方格所在区域为内部至圣所的位置（图 3-60）。

帕拉马萨伊卡曼陀罗是原人居曼陀罗的另一种变体，表现为 81 格分划的奇数形式（图 3-61）。与曼杜卡曼陀罗不同的是，帕拉马萨伊卡曼陀罗中央 9 个方格为大神梵天的所在，东方为祖先神，具有侠义的象征，世界的荣誉以及规范等

1　扎曲.论佛教与印度教中的"曼荼罗"文化[J].西藏研究，2012(05)：38-45.
2　Triratha，印度教神庙圣室平面的一种形式，平面每边为 3 处凸起。

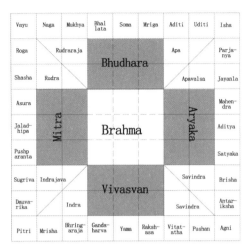

图 3-61 帕拉马萨伊卡曼陀罗　　　图 3-62 般度拉塔形
圣室平面

都由其掌控；南方为太阳神，象征辉煌，掌握着法律、道德以及习俗；西方是日神，掌管太阳；北方为布达哈拉，与地球以及土壤具有一定联系。在周边的小方格中分布着一些其他的方位守护神等天界神灵，这种形式的曼陀罗反映了宇宙的构图模型，即中央象征着世界的中心，环绕中心的8个区划象征着世界的8个基本区域。基于帕拉马萨伊卡曼陀罗的神庙圣室平面"般度拉塔"（Pancharatha）[1]形，圣室内部至圣所设置于曼陀罗中央的9个小方格内（图3-62）。

2. 空间中的中心理念

在印度教的宇宙观念中，印度教神庙是微型宇宙的象征，是将宇宙结构按照一定比例缩小而来的。南印度神庙建筑依据其规模、体量的大小，其构成要素包括圣室、前厅、柱厅与门廊等不同形式的组合，但其中圣室是神庙建筑最基本的构成，这个最神圣的部位也是中心理念体现最强烈的部位。

圣室在印度梵文中被称为"胎室"，象征宇宙的胚胎，里面供奉着神像或者神灵的象征物。通常在湿婆教神庙的圣室内供奉着象征湿婆的林伽，或是林伽与尤尼的结合物，而在毗湿奴神庙中，圣室中央一般都供奉着毗湿奴神像或其化身神像。在南印度印度教神庙中，圣室上部通常是一个角锥形结构，高耸的结构常常隐喻为山峰，象征着万神殿中的神灵的居所——凯拉萨山或是须弥山。其威严

---

1 Pancharatha，印度教神庙圣室平面的一种形式，平面每边为5处凸起。

向上的形象蕴含着宇宙生生不息的力量，表达出了一种由四周向中央汇集、中心统领整体的空间意向。神庙中的空间组织以此为中心而系列地展开，其他次要的空间都来烘托这个中心位置，因而空间具有强烈的向心力与凝聚力，成为整个神庙空间的焦点，空间的注意力都集中于此。强烈的中心空间意向也烘托了神庙建筑中神秘而浓郁的宗教气氛。

此外，圣室中心与上部毗玛那中心连成的一条垂直轴线是整个圣室的中心之轴，在印度教的宇宙图示中具有重要的宗教象征，这条垂直的轴线象征着天堂的支撑，沿着它上升意味着历经解脱的过程，到达中心轴线的顶端即意味着达到了解脱轮回的最终目的（图 3-63）。

图 3-63　圣室中的宇宙之轴

小结

南印度神庙建筑在选址时往往受到宗教因素、社会因素以及政治因素三方面的影响。宗教因素的影响主要表现在印度教信徒对于神山以及圣水的崇拜，使得神庙建筑常位于大自然的山水边；社会因素主要表现在中世纪后期的神庙建筑为了吸引更多的信徒，融入世俗生活，将神庙建筑建造在城市的中心；政治因素表现在国王为了方便进行宗教活动，并且宣示其统治权的绝对地位，将印度教与王权相结合，神庙建筑往往建造在其宫殿或是城堡附近。

南印度神庙建筑的空间构成经历了不同的阶段，早期的神庙规模较小，通常由单个圣室构成简单的单点式空间，随着门廊、柱厅的发展，神庙形成了线性式空间的构成模式，并且在圣室外围环绕回廊的基础上，神庙的线性式空间形态与宗教仪轨相结合，进一步完善了神庙作为宗教建筑的空间形式。然而，在印度教的宗教仪式有了更大的发展需要时，神庙内部设置了多个附属圣殿以及柱厅等建筑，在此基础上形成了庭院式的空间形态。在中世纪后期，神庙建筑的院墙层层重叠，并且出现了多个院落聚集的情况，形成了聚落式的空间形态。

南印度神庙建筑的构件要素丰富了其外部形式以及内部空间，佛龛是构成神庙最重要的单元，石柱、天花以及斜撑在作为结构制成的同时也是展现装饰艺术的场所。此外，神庙建筑作为印度教文化的物质载体，体现了重要的宗教理念，主要包括平面设计中的曼陀罗理念与空间中的中心理念两部分。

第四章 南印度印度教神庙建筑装饰艺术

第一节 装饰主题

第二节 装饰工艺

第三节 装饰元素

宗教建筑的形体往往是比较抽象的，对于宗教意义的表达通常比较隐晦，而建筑装饰则是传达宗教意义最为直接的方式。在印度教神庙建筑中，建筑装饰往往充斥着神庙建筑的每个角落，从外围环绕的院墙到内部院落的建筑单体，从建筑外壁到其内部空间，这些装饰无处不在，它们成为印度教神庙外部实体以及内部空间的重要组成部分。装饰主题之丰富、装饰工艺之多样以及装饰元素之独特，展现了印度教神庙建筑装饰艺术的辉煌成就。

第一节　装饰主题

印度教神庙建筑往往是印度教文化的载体，其丰富多样的装饰主题也无可避免地体现了印度教文化的特点。南印度印度教神庙建筑往往充斥着装饰的特性，无论是史诗故事中带有神话色彩的场景，还是世俗界的国王、圣人抑或是凡人的生活场景，这些往往成为神庙建筑中最主要的装饰主题。动物的形象常常伴随于诸神而出现，它们作为诸神的坐骑而被赋予了较大的神圣性。此外尽管植物的形象运用较少，但它的确也丰富了神庙建筑装饰的内容。

1. 神话故事

印度教的至上经典《摩诃婆罗多》《罗摩衍那》自公元 4 世纪就已问世，此后出现的《往世书》也汇集了诸多神话故事，这些宗教典籍为神庙建筑的装饰提供了丰富的主题内容。从梵天、湿婆以及毗湿奴三大主神到湿婆、毗湿奴形式多样的化身，从这些主神各自的妻子到印度教大大小小的女神，无以计数的神灵所产生的神话故事丰富多样，内容精彩。有些还具有一定的宗教哲理，为信徒走向解脱之路提供指示，它们往往被转化为装饰展现在神庙建筑之中，作为神庙建筑最重要的附属而存在。

以神话故事为主题的雕刻通常在神庙石壁上展示得最为完整。这些故事情节往往被转化为连续的过程雕刻在外壁上，有些位于同一条饰带内，有些则位于单独的版块内。版块常按照顺时针顺序排列，使得故事情节的展现井然有序。特伦甘纳邦斯里赛拉姆（Srisailam）地区坐落着一座维查耶纳伽尔时期建造的马里卡玖那神庙，神庙外围高大的院墙上雕刻着许多《罗摩衍那》神话故事中的场景，这些故事场景都雕刻于单独的版块内，主要讲述了湿婆伟大的功绩。其中一个版块将湿婆解救圣人马卡蒂亚（Markandeya）的故事分设为三个连续的情节：阎摩

用套索困住马卡蒂亚，然
而马卡蒂亚却不顾一切地
握紧林伽，最终湿婆降临，
将他的三叉戟刺向阎摩，
解救了圣人马卡蒂亚 [1]。整
个雕刻生动形象地展示了
神话故事的场景，并且体
现出强烈的动态感（图 4-1）。

图 4-1 湿婆解救圣人马卡蒂亚的雕刻

此外，以神话故事为主题的雕刻在神庙内部的天花、石柱等处也十分常见。
在帕塔达卡尔这座历史悠久的古城中集中分布着几座遮娄其王朝遗留的杰作，其
中一座规模最大的维鲁巴克沙神庙，大约建于 8 世纪中叶。神庙整体由门廊、柱
厅、前厅以及圣室组成，其中门廊顶部的天花以及柱厅内部的石柱上装饰着众多
以神话故事为主题的雕刻，向人们展示了诸多精彩纷呈的神话场景。在入口门廊
的顶部天花上雕刻着太阳神苏利耶（Surya）带领众神驱散黑暗的神话场景（图
4-2）。整幅场景分为天界与地界
两个空间。在天界，太阳神苏利
耶昂首站立于战车上，两旁由手
持弓箭的乌沙（Usha）以及普拉
图萨（Pratyusha）相随。战车由七
匹战马牵引，战车的御者阿鲁那
（Aruna）正襟危坐在战车前部，
控制着战车的前进方向。周边乌
云密布的空间内诸神一起致力于
消灭一切黑暗，迎接光明的到来。
在人界，人类以各种方式表达了
对太阳神以及众神的感激之情，
他们似乎正在等待佛晓的来临 [2]。

图 4-2 太阳神苏利耶消灭黑暗雕刻图

1 Geoge Michell. Architecture and Art of Southern India[M]. London: Cambridge University
Press,1995.
2 A Sundara, World Heritage Series Pattadakal. New Delhi: Archaeological Surcey of India ,2008.

整幅雕刻以天界与人界生动的活动场景体现了强烈的动态力量。

图4-3　恶魔罗波那劫持悉多场景雕刻

另外，在与门廊相连的后部柱厅内中部排列着16根石柱，每根石柱柱身由横截面不同的几个石柱体块构成，在那些突出的方形石块上装饰着以不同的神话故事为主题的雕刻：有哈奴曼战胜恶魔的胜利场景、恶魔罗波那（Ravana）劫持悉多的场面以及湿婆以其纠缠的发髻承接恒河降临的壮观场面等（图4-3）。这些形象生动的雕刻，在向人们倾诉神话故事的同时也为神庙建筑的装饰艺术增添了生机与活力。

2. 世俗生活

印度教神庙建筑装饰主题尽管常常以无以数计的宗教神话故事为中心，但是一些反映世俗生活的场景也经常出现。从国王威严盛大的加冕仪式到普通民众欢快愉悦的节日活动，从士兵们骁勇善战的壮烈场景到少女们载歌载舞的喜庆场面，各式各样的世俗生活中的场景也被转化成神庙装饰的一部分，用于丰富神庙建筑雕刻、壁画或是灰塑艺术的主题。

位于著名的亨比的罗摩神庙是这座古城中唯一一座位于王宫地区的神庙，尽管这座皇家神庙规模不大，但是神庙内装饰着丰富多彩的雕刻艺术。神庙外部环绕着一圈与花饰庙门等高的院墙，从下至上被横向的线脚划分为五条饰带，每条饰带壁面上的雕刻都展现了以世俗生活为主题的场景（图4-4）。最底部的饰带上雕刻了一列正在行进的大象，背上坐着骑象之人。第二条饰带的雕刻描绘了维查耶纳伽尔国王常从阿拉伯地区进购大批战马的场景，这些训练有素的战马由阿拉伯商人牵引，场面壮观。第三条饰带内的雕刻表现了一些长官骑着战马，率领士兵胜战回营的情景，这些士兵有的手持长矛，有的正在互相切磋玩耍。第四条饰带内的雕刻主要展现了南印度当地的文化活动，这些优雅的少女手持乐器，表演着南印度盛行的坎那达舞蹈，一连串的舞姿表达了欢快活跃的动态场景。最顶

部饰带中的雕刻内
容以印度的宗教节
日——酒红节为主
题，酒红节也被称
为泼水节，这一天
人们会在脸上与身
上涂有各种色彩的
颜料，还会互相泼
洒混有颜料的水，
彼此嬉戏[1]。这些雕
刻描绘了南印度妇

图 4-4　罗摩神庙世俗生活场景雕刻

女在酒红节当天欢乐地表演舞蹈，并且互相嬉戏玩乐的场景。水桶的形象也同样
被刻画在饰带上，妇女们悠闲的舞姿以及嬉戏的身影渲染了欢乐喜庆的气氛。

3. 植物图案

南印度神庙建筑的装饰主题几乎以神话故事与世俗生活中的场景为主，无论
是神话故事中的印度教诸神，世俗生活中的王室成员与普通民众，还是作为神灵
的坐骑而被赋予了神性的动物，这些人物以及动物的形象几乎在装饰中占据了极
大的比例。而植物图案这一主题在神庙建筑装饰中运用得较少，往往作为神庙顶
部天花雕刻或壁画装饰的内容而存在，如莲花形图案。也有一些作为石柱雕刻场
景的背景而存在，如菩提树叶形图案等。这些植物图案表达了印度教文化充满生
机与活力的艺术特点。

坐落于贡伯格纳姆（Kumbakonam）的拉梅斯瓦米神庙（Ramaswamy Temple）
是一座建于16世纪左右的毗湿奴神庙。在神庙山门主入口里侧有一座开敞的柱厅，
柱厅内顶部的天花装饰以植物图案为主题，并施以彩绘（图4-5）。在柱厅中部
的天花上有一个向上隆起的方形版块，内部层层套叠三个不同大小的方形边框，
最内部的方形面板内雕刻着莲花形图案的花纹，外部装饰着莲花图案的花纹以及
其他不同形式植物图案的雕刻，并且以不同的颜色填充其中，黄、蓝、红以及绿

1　M S Krishna Murthy, R Gopal.Hampi the Splender that Was [M]. Mysore:Directorate of
Archaeology and Museums, 2009.

图 4-5　神庙中的植物图案绘画

图 4-6　神庙中几何花草图案雕刻

色相互间隔，形成了五光十色的天花装饰效果。这种神庙装饰艺术更加与民众相贴近，是当时神庙建筑风格向世俗化发展的体现。天花的其他部位也装饰着一些以植物图案为主题的彩画，但形式相对简单，通常为单个莲花或莲花花瓣的图案形式。

　　此外，在这座柱厅内部的石柱上也装饰着一些以几何花草图案为主题的雕刻（图 4-6）。有些形式简单，通常作为主体雕刻的背景，也有一些以单个或是两个植物花瓣相连贯的组合形式作为装饰主体而存在。这些形式多样的植物图案象征着印度教文化中顽强向上的生机与活力。

第二节　装饰工艺

　　装饰工艺是实现建筑装饰的有效方式，是表达建筑美学的主要途径。印度教神庙建筑的装饰主要通过雕刻、壁画以及灰塑三种方式实现，其各自都具有独特的特征。其中雕刻艺术是神庙建筑装饰艺术中最主要的组成部分，对于传达印度教神庙建筑的宗教义理具有举足轻重的作用。

1.雕刻艺术

　　在神庙建筑中雕刻是不可或缺的一部分，既是神庙建筑的附属物，也是装饰神庙建筑的主要手段，神庙建筑中的雕刻主要分为装饰性浮雕以及神像雕刻两种类型。

（1）装饰性浮雕

装饰性浮雕与神庙建筑的联系更加紧密，由于其具有一定的体量，因而比较容易产生一定的视觉效果，对装饰本身具有一定的突出作用。南印度大大小小的神庙建筑无不充斥着装饰性浮雕，它们通常位于神庙外部院墙的表面、院落内部门廊、柱厅以及神殿等建筑的立柱、天花以及外壁上，或者是一些石窟神庙的内壁上，以石刻为主。以宗教题材为主题的装饰性浮雕已成为印度教文化在神庙建筑中传承的载体。

南印度神庙建筑的装饰性浮雕以帕拉瓦时期最具代表性，它那雄浑壮丽的气势似乎压倒了大多数时代的石刻艺术，具有追求自由以及动态的力量，表现出巴洛克艺术的特点。朱罗时期的雕刻并没有像帕拉瓦石刻那样的巨作，而维查耶纳伽尔时期雕刻尽管富丽堂皇，却开始变得繁复而缺乏活力。

帕拉瓦时期的神庙建筑中已出现了大量的装饰性浮雕，帕拉瓦人对神庙中雕刻艺术的追求似乎十分强烈，有些神庙甚至本身就是一件精雕细刻的艺术品。这些雕刻大多以坚硬的花岗岩为基材，其风格继承了早期安达罗时期佛教艺术的特征。雕刻中的人物体形苗条修长，形态自然优雅，在追求动态、变化与力度的同时突出个性化、戏剧性与人情味的特征 [1]。在默哈伯利布勒姆的五座战车神庙的阿周那神庙中，东侧壁龛内雕刻着两位帕拉瓦公主的高浮雕，体现了帕拉瓦雕刻的女性形态美的特点（图4-7）。两位公主身材纤细，双腿笔直修长，苗条的身躯略微扭曲，悠闲自得地互掺着手臂。她们头上戴着高高的宝冠，富贵华丽，秀气的脸庞各自偏向一方，眼神动人。整体造型体现出古典主义的简单、朴素以及宁静祥和的特征。

默哈伯利布勒姆一座岩石山上坐落着一座摩希沙曼达坡，这座石窟神庙内部是一个由石柱支撑的宽敞空间，三面宽大的石壁为雕刻提供了较大的发挥空间，在北侧墙壁上雕刻着一幅名为杜尔伽惩杀摩希沙的大型浮雕，体现了帕拉瓦神庙雕刻的精湛技艺（图4-8）。整个浮雕描绘了印度教女战神杜尔伽率领诸神士兵诛杀水牛怪摩沙希的激烈场景，杜尔伽是印度教中的复仇女神，也被称为近难母，她坐骑在一头雄狮的背部，面部洋溢着必胜的信念。她的八臂持着诸位神兵提供给她的各式各样的利器，其中最前面的双手呈射箭的姿势，显得强劲有力，形成

1　王镛. 印度美术 [M]. 北京：中国人民大学出版社，2010.

图 4-7　帕拉瓦公主雕像　　图 4-8　杜尔伽杀摩希沙浮雕

了所有力量向外迸发的原点。她坐骑的雄狮呈向前奔驰的勇猛姿态，与杜尔伽女神表现出的动态相对应，同时在整体构图上形成了从左向右以及向下的压力。位于画面右侧的水牛怪呈牛头人身形，形体强壮高大，身体略微向后倾斜，但是双眼却目不转睛地凝视着杜尔伽，双手握着大铁锤，似乎正等待反扑的时机。这种构图形成了向左及向上的反压力，两种压力的对抗无形之中为故事的情节增加了紧张的气氛。摩希沙的同伙身材比杜尔伽女神的士兵高大，有些在拔剑对抗，而有些则在惶恐畏惧，意欲逃跑，这与杜尔伽女神勇往直前的神兵形成鲜明的对比，似乎战斗的结局已昭然若揭。整个浮雕突出强调了构图的戏剧性，表现了强烈的动态感与节奏感，对人物个性的刻画直接鲜明。

同样位于默哈伯利布勒姆岩石山脚下，一座名为"恒河降凡"的巨型浮雕显示了南印度神庙建筑中石刻艺术的杰出成就（图4-9）。这座巨型的浮雕雕刻在一块巨大的花岗岩石壁上，高度达 9 米，长度约 27 米，创作于 7 世纪中期，亦称为"阿周那

图 4-9　恒河降凡

的苦行"[1]。这座浮雕的内容来源于印度教的神话故事：日族的幸车王在经历了千年的苦行修炼之后，向诸神祈求让天界的恒河降临到人间，使其净化祖先罪恶的灵魂，在他的请求得到准许之后，湿婆用头部承接恒河的圣水，气势磅礴的水流在经过湿婆缠结的发髻后得到了缓冲，最终婉转流到了人间。在这座巨型的浮雕中部有一条裂缝，将岩分成左右两部分。这条裂缝是天然存在的，代表着从天而降的恒河。岩石的上部开凿了沟渠，下部造有水池，因而在举行宗教活动时可以放水形成人造瀑布的景观。在岩壁的左右两侧都雕刻着形态各异的神灵与精灵，还有许多人物以及动物的雕像，其数量达一百多个。他们都面朝中央降临的圣水聚拢，虔诚地礼拜祈福，表现出欢呼愉悦的气氛。幸车王位于左侧岩壁的上部，他的左腿独立，右腿弯曲靠在左腿上，使得身体重心略微倾斜。他的双臂高高举起，双手在头顶交叉，这种姿势是修炼瑜伽的形态，长年的苦修已耗费了他许多精力，他那瘦骨嶙峋的身躯似乎已经到了极限。与之相比，身旁的四臂湿婆则显得高大强壮，头顶上戴着高高的发髻冠。中央裂缝两侧的诸多神灵、精灵、苦行僧以及各式各样的动物如狮子、大象等，都朝中央汇集，表现出对中部恒河圣水的敬意。一排排的人物与动物接踵而至，紧密相依，体现出一种宇宙赐予的前进动力。岩壁右下方的一个大象族群几乎占据了右侧的半个岩壁，大型的雄象与母像前后相靠排列，在它们庞大的身躯之下簇拥着几只小象。大象巨大的体型形成的沉稳厚重的感觉使得整个动荡不安的构图组合得到了稳定，形成了岩壁浮雕在构图上的平稳感（图4-10）。在左侧岩壁的左下方保留着一块朴素简洁的壁面，依据其雕凿的痕迹推测最初可能要

图4-10　大象族群雕刻

1　Srinivaas, J Prabhakar. Mahabalipuram—A Journey through a Magical Land[M]. Chennai: Thanga Thamarai Pathippagam, 2014.

开凿一个小型的柱厅，但最终没有完工。

整体而言，这座浮雕的构图具有宏伟的气势，富有丰富的想象力，不仅神灵与精灵、苦行僧等的刻画与组合形式丰富多样，具有强烈的动态感与活泼感，个性独特，浮雕中各种动物的刻画也都充满了拟人化的特征，其造型与动态充满了活泼与人情味的特性。

（2）神像雕刻

神像雕刻主要是在印度教强烈的偶像崇拜的宗教氛围下发展起来的，它们作为神灵在人界的存在而被赋予神圣的特性。一些体量较大的神像雕刻通常被摆放在神庙中作为礼拜的对象，刻画神灵的神像雕刻通常被供奉于神庙圣室内部，或是位于邻近的前厅以及附属神殿之中，也有一些位于神庙主体神殿内壁或外壁的壁龛内。供奉于圣室之内的神像与一位国王所受的待遇类似，早晨由祭司将它们唤醒，随后有一系列的沐浴、用餐以及娱乐等活动。许多神像往往身着盛装，装饰珠宝与花环，供信徒礼拜与瞻仰[1]。南印度神庙建筑中的神像雕刻以朱罗时期的青铜雕刻最具特色，体现了神庙雕刻艺术的辉煌成就。

在印度，青铜雕像是印度教神话的象征，它隐喻着古老的哲学，将诸神的灵魂都熔铸于其中。早在遥远的哈拉帕文明时期青铜就已作为雕刻的材料而使用，在摩亨佐达罗出土的一个著名的小型舞女雕像说明了青铜作为雕塑材料的悠久历史[2]。南印度青铜雕像的制作大致开始于安达罗王朝时期，由于当时盛行的宗教以佛教为主，因而安达罗时期供奉于寺庙的铜像雕刻以佛教内容为主题。帕拉瓦时期的铜像极少，但它们较为完整地继承了安达罗铜像的风格与技巧，朱罗时期青铜雕像成为南印度雕刻艺术中的珍宝，此时的铜像制作技术发展到了炉火纯青的地步，体现了南印度雕刻艺术的独特性。由于青铜雕像重量较轻，便于携带，因而早期许多位于神庙圣室内部的青铜雕像都被转移到了印度大大小小的博物馆中，成为展示印度雕刻艺术的珍奇瑰宝。

朱罗铜像在继承帕拉瓦铜像的铸造传统的同时有所创新，将南印度的铜像制造技术发展到了顶峰。由于朱罗王朝时期诸位国王都极力推崇湿婆教，对湿婆充

1 Geoge Michell. Architecture and Art of Southern India[M]. London: Cambridge University Press,1995.
2 [美]罗伊·C克雷文. 印度艺术简史 [M]. 王镛，方广羊，陈聿东，译. 北京：中国人民大学出版社，2003.

满虔诚的信仰，因而此时的
青铜雕像多以刻画湿婆及其
妻子为主题。一尊 10 世纪的
朱罗铜像描绘了湿婆的妻子
帕拉瓦蒂，其原型可能是朱
罗王朝的一位王后或是公主
（图 4-11）。铜像高 92 厘
米，整座铜像几乎是全部裸
露的，仅靠下部的大腿部位
的衣物的衣褶来遮蔽。头顶
上的宝冠以及珠宝装饰看上
去与其苗条的身形相协调，
对于整体起伏的外形轮廓仅
仅产生了微小的变动。她的
腿部呈优美的三屈式形态，

图 4-11　帕拉瓦蒂铜像　图 4-12　湿婆持维纳像

左手微微弯曲下垂，右手上抬，整体线条流畅自然，形成统一化的雕像风格，达
到超越人的形态而上升为神灵化身的效果。整座铜像站立在一个双层莲花形的底
座上，在整体形态上与帕拉瓦铜像流畅优美的线条有异曲同工之处。

　　大概在 11 世纪至 12 世纪制作的另一尊青铜雕像上刻画了湿婆持维纳[1]的姿态，
整座铜像高度达 69 厘米，站立在一个底部呈莲花形的基座上（图 4-12）。在这
尊铜像中，湿婆被刻画为一位音乐之王，多臂的刻画显示了湿婆男性的力量。他
下部的两双空手呈握持着携带有共鸣器的弦乐器的姿势，仿佛正在教授乐师们某
种特定的音乐调式。脸部表情略带微笑，似乎正沉浸于优美动听的曲调之中。他
的头顶上戴着一个高高的宝冠，下身围着一块较短的腰布。上部的左手握着一只
象征战利品的小鹿，右手呈握空的状态，可能曾经持有某件物品，但现在已不存在。
铜像的肩部仍保留着两个浇筑时遗留的凹槽。铜像整体展现出一种优雅的形态，
但并不像帕拉瓦铜像那样具有明显程式化的特征。

1　湿婆手持的一件双葫芦弦乐器称做维纳，这种形式称做持维纳者湿婆，表现湿婆作为音乐之主的
　　形象。

朱罗时期青铜雕像中最具有艺术特色的是刻画湿婆纳塔罗阁作为舞蹈之王的造像。这种雕像在南印度朱罗王朝时期曾大量制造，一直持续到 12 世纪左右。现存于南印度坦贾武尔艺术馆的一尊湿婆纳塔罗阁铜像形象地展示了湿婆表演创造与毁灭世界的宇宙之舞（图 4-13）。这尊铜像大约制作于 12 世纪，湿婆双目微闭，似乎正沉醉于悠扬的舞蹈之中，他的头发伴随着潇洒的舞动而飘散起来。上部的右手拿着的小鼓呈沙漏状，左手持有一朵火焰。下面的右手表现出将要安慰信徒的姿势，呈现出令人安心的姿态，下面的左手是代表赐福的象手势，手指全部下垂，模拟大象的鼻子形状，指向弯曲抬起

图 4-13　舞王湿婆铜像

的左脚。这种手势使信徒具有从无边的苦难中解脱出来的信念。湿婆的右脚踩踏着一个无知的侏儒的背部，侏儒手中握有一条带有剧毒的眼镜蛇。在湿婆周身环绕着一个光环，象征着宇宙本身，而在光环周边镶嵌着的火焰以及湿婆上边的左手中持着的一朵火焰象征着宇宙的毁灭，可以使一切化为虚有，与右手所持的象征宇宙创造力的小鼓保持平衡。铜像整体轮廓外形明快有力，铜像全身都装饰着珠宝饰物，人体动态感十足而且具有强烈的节奏感，体现出印度教象征宇宙永恒的运动观念。

总体来说，朱罗时期的青铜雕像表现的人物形体更加修长，表情亲切和善，同时又显示出崇高庄严之感。尤其是女神的造型，常呈现扭摆的三曲式体态，曲线优美灵动，还装饰有华丽的珠宝，较为夸张地体现了印度女性美的特征。

2. 壁画艺术

神庙建筑中的壁画尽管不是神庙装饰艺术的主要方式，但它却是一种对神庙建筑艺术进行补充与衬托的有效方法。神庙建筑中的壁画最早起源于古印度的岩画，通常以描绘印度教史诗中的神话故事场景或是王室的生活场景为主题，刻画印度教主神、国王以及妻子、圣人、少女等人物形象，也有少数刻画动物以及植

物的形象。壁画主要装饰于神殿内壁或外壁的壁
龛内，在中世纪后期的神庙建筑中，柱厅以及柱
廊顶部的天花也成为壁画创作的主要空间。在南
印度神庙建筑中，壁画以朱罗时期以及维查耶纳
伽尔时期最具代表性。

（1）朱罗壁画

朱罗时期的壁画体现了极高的艺术成就。在
颜色的选用方面，常使用天然的土质颜料，色调
以黄色、棕色以及红色为主，阴影多以蓝绿色、
黑色以及白色为主。在人物形象的刻画上比较注
重其面部表情的描绘，人物整体形态自然优美。

位于坦贾武尔布里哈迪斯瓦拉神庙中的壁画
已成为神庙装饰中最珍贵的部分，这些壁画主要

图 4-14　《舞蹈的天女》壁画

分布在环绕圣室的回廊内壁以及顶部天花上，尽管它们已有些模糊不清，但它们
俨然成为朱罗艺术光辉成就的鉴证。在圣室回廊的内壁上有一幅名为《舞蹈的天
女》壁画，其中一位天女的舞姿十分罕见，她的腰身弯曲程度较大，体形丰美，
回眸微笑的神情赋予了极大的魅力，整体显示出强烈的动态感（图4-14）。这幅
壁画的色调以红色、白色以及黑色为主，舞蹈的天女作为壁画的主体被刻画为红
色，使主体得到了强调突出，而一些作为背景组成的小精灵则被描绘成白色，起
到了衬托的作用，背景中点缀了一些黑色的线条，使整个画面色彩组合更加协调，
轻重有度[1]。

在回廊北侧内壁上绘有一幅巨大的湿婆化身之一三连城破坏者位于战车上的
画像。这辆战车由梵天驾驭，并且由骑着孔雀坐骑的卡尔提凯亚战神（Karttikeya）、
骑着坐骑老鼠的伽内什象神以及骑着坐骑雄狮的迦梨（Kali）女神相伴左右。这
位八臂的三连城破坏者被刻画为一个英勇的武士形象，他的右脚向前屈伸，每只
手中都持有一把强有力的弯弓，正要制服一群无所畏惧的恶魔，这些恶魔手中都
紧握着一群惊慌失措的妇女。壁画整体显示出一种雄浑的力量感与宏伟感，传达
了朱罗王朝在当时至高无上的统治权力。

1　王镛. 印度美术 [M]. 北京：中国人民大学出版社，2010.

这幅壁画中色调的选用遵循朱罗时期壁画的惯用风格，整体颜色的选用以及组合比较柔和。在人物形象的刻画方面更具特色，壁画中人物的面部表情丰富多样：三连城破坏者面部表情以及其手持弯弓的形象体现了他强烈的英雄主义色彩；在恶魔手中的妇女表现出惶恐绝望的神情，围绕着湿婆的诸神显示出钦佩的表情。壁画整体线条的勾勒刚劲有力，人物的表情生动形象，栩栩如生，最重要的是人物的形态自由而不显拘束。

（2）维查耶纳伽尔壁画

维查耶纳伽尔壁画整体以橘红色的基调为背景，主要的颜色为白色、绿色以及各种棕褐色色调。大多数人物都以其侧面形象来描绘，眼睛比较突出，鼻梁高耸，下巴尖翘。服装、珠宝以及头饰通过纤细的画笔描边来勾勒其轮廓，灵活柔美的线条赋予人物优雅的形象特征。

位于南印度安得拉邦力帕西（Lepakshi）地区的维拉巴德纳神庙（Virabhadra Temple）的壁画十分突出，大约创作于 16 世纪，与这座神庙的更新维护属于同一时期。神庙内部的壁画因其丰富的题材以及人物形态、服装以及装饰物的多种样式而具有杰出的艺术成就[1]。这座神庙的壁画都位于柱厅的顶部天花上，其中在主殿前部的封闭柱厅顶部的天花上绘有一幅较大的壁画，上面刻画了主尊神灵十只手中持着不同兵器的形象。他的面部被刻画成侧面形式，眼睛专注地凝视前方，大大的眼睛由于被涂绘成白色而十分突出，强调了狰狞的面部表情。在他的脚边是捐赠者维鲁帕那以及其妻子女儿的画像，在神灵的上方绘有湿婆与妻子帕拉瓦蒂坐着的画像，通常这对神灵夫妻两旁都有圣人相伴。整幅壁画中对人物面部表情的刻画较为细致专注。

在外部的一座大型的开敞式柱厅的顶部天花上描绘有一幅以印度教中传奇的神话故事为主题的壁画。天花的壁画被划分成多个长条形板块，描述的故事情节按照一定的组织顺序排列。顶部西侧的天花描绘了湿婆与帕拉瓦蒂的婚礼盛况，这对神圣的夫妻由八方守护神、圣人以及侍从女仆相伴左右（图 4-15）。东侧的壁画描绘了关于吉罗多人（Kirata）的神话故事，其中不同的故事场景排列的顺序可描绘如下：因陀罗出现于阿周那之前；阿周那正处于苦行修炼的姿态；湿婆与

---

1 Geoge Michell. Architecture and Art of Southern India[M]. London: Cambridge University Press, 1995.

图 4-15　湿婆与帕拉瓦蒂婚礼中的侍从壁画　图 4-16　吉罗多人神话故事中狩猎壁画

帕拉瓦蒂骑着坐骑公牛南迪，他们被伪装成猎人正要捕捉森林中的野熊，而野熊则被描绘成与森林中的羚羊、野兔以及鸟儿一起四处逃窜的姿态；阿周那用弓箭射杀了野熊，最终向湿婆祈祷（图 4-16）。

这些壁画在颜色的选用方面，通常选用橘红色作为整体的背景颜色，主体颜色选用白色、绿色以及棕褐色，白色是使用最广泛的色调，作为人物以及动物画像的底色，壁画中的湿婆、帕拉瓦蒂、因陀罗等神灵以及公牛南迪等都被刻画为白色，绿色常用于服装以及装饰物的描绘，起到突出强调的艺术效果，棕褐色常用于外形轮廓的勾边处理上。在人物形象的刻画方面，无论是神灵湿婆、帕拉瓦蒂，还是圣人、捐赠者，他们的画像都以侧面形象展现，五官中注重眼睛以及鼻梁的刻画，这基本成为维查耶纳伽尔时期壁画的特定模式。人物整体的体态具有优雅柔美的特征。

3. 灰塑艺术

在南印度中世纪后期，神庙建筑的山门瞿布罗朝向更加高耸的方向发展，成为整座神庙最醒目的构件。高耸的山门底部通常是由石块砌筑而成的，基座被横向的线脚分隔为两层，上面装饰一些壁龛与神像。在一些简洁的瞿布罗的底部基座上常涂以灰泥作为简单的装饰。而随着瞿布罗的体量逐渐增加，底部基座往往承受着砖砌的高大塔楼，成角锥形结构逐成向上递收，高大威耸的体量使得塔楼的装饰物应选择质量较轻的灰泥作为基础材料，这为神庙的建造降低了难度。通常塔楼上的灰塑装饰以印度教万神殿中的主神为主体，身旁有圣人、神兽以及少女相伴。这些灰塑一般被五彩的颜色所覆盖，从远处望去，五光十色的神灵、王

图 4-17　萨拉伽帕尼神庙山门　　图 4-18　神庙山门上的灰塑雕像

室伲俪、圣人等雕像排布得密密麻麻，有些令人目不暇接。如此富丽堂皇的灰塑艺术使南印度神庙建筑体现出一种俗丽浮艳、缺乏生气的气息。

位于贡伯格纳姆的萨拉伽帕尼神庙（Sarangapani Temple）是该地区一座最大的毗湿奴神庙建筑群，始建于朱罗王朝时期，在维查耶纳伽尔以及纳亚卡时期得到了大规模的扩建。神庙组群最外围的主入口山门十分高大，底部两层石砌的基座上耸立着高大的塔楼，高度达 53 米（图 4-17）。塔楼由 11 层塔拉组成，层层堆叠而上，上部装饰的许多神龛、亭阁都被加以彩绘。塔身上缀满着繁杂的神灵、圣人以及神兽等雕像，都以灰塑的方式创造，并且被赋予五彩的颜色，红、蓝、黄以及绿色的交替使用使得瞿布罗更具世俗性，这与后期神庙建筑更加接近民众生活的本意相符（图 4-18）。然而，密密麻麻、繁复冗杂的装饰雕像以及彩绘的添加，远远望去使仰观者感到眼花缭乱，这似乎也正预示着中世纪后期神庙建筑的发展已然开始出现衰退的趋势。

第三节　装饰元素

1. 纪念柱

纪念柱是神庙建筑装饰中最常见的一种元素，通常位于神庙门廊、柱厅、前厅以及圣室墙体的壁面上，界于两个佛龛单元之间，作为一种附属装饰元素而存在，也有出现在佛龛构成单元中央的情况，通过向前突出的方式来强调神庙强有

库塔式纪念柱　　潘久拉式纪念柱　　图 4-20　神庙外壁纪念柱（左
图 4-19　纪念柱　　　　　　　　　为库塔式，右为潘久拉式）

力的动态感，象征宇宙无穷无尽的运动状态。

纪念柱整体由柱基、柱身、柱头、檐部以及柱顶五部分组成，柱基通常被横向的多道线脚划分。柱身常常被划分成三个体块，其中最下部是一个规整的矩形截面的体块，而中间为一个内收的石柱体块，并且雕刻有竖向的棱纹，柱身上部体块通常为花瓶状。柱头以一个扁平状的垫状柱头为主，上部分布着檐口线脚以及一个华盖，成为檐部的主要构成。檐部华盖上方的柱顶为一个带有屋顶的柱式。依据柱顶的形式可将纪念柱分为两种类型，即库塔式纪念柱以及潘久拉式纪念柱（图 4-19）。库塔式纪念柱顶部的屋顶形式为穹隆状，而潘久拉式纪念柱的顶部为马蹄形拱顶状，并且冠有一个宝瓶状的尖顶饰。这两种形式成为神庙建筑中最主要的装饰性壁柱元素，在神庙外壁上向外突出（图 4-20）。此外，位于佛龛单元中部的纪念柱也呈向外突出的形式，以此来强调神庙向外离心式扩散的动态感。

2. 牛眼图案

牛眼图案这种装饰元素在达罗毗荼式、遮卢亚式神庙建筑装饰中通常是不可或缺的，而在南印度西部地区的喀拉拉式神庙中则不使用。牛眼图案形状为马蹄形拱顶，这种图案最早作为一种构件元素用于佛教支提窟顶部的马蹄形明窗，为支提窟黑暗深邃的内部空间引入神圣的光明，作为支提窟内部空间与外部空间相

图 4-21　支提窟中央的马蹄形明窗　图 4-22　支提窟中作为装饰的牛眼图案

互转换的一个强有力的象征[1]（图 4-21）。但是随着支提窟形式的发展，牛眼图案并不局限于作为具有实际功能的明窗，在后期的支提窟大厅中已经有了明显的作为装饰性构件的意向（图 4-22）。在后来出现的印度教神庙建筑中，牛眼图案主要作为装饰性元素而出现于神庙的檐口部位，也有一些通过相互组合的形式出现于神庙上部屋顶中央。依据其组成的形式可分为独立式与复合式两种类型[2]。

（1）独立式牛眼图案

独立式牛眼图案通常用于达罗毗荼式神庙装饰中，牛眼图案为单个形式而存在，每隔一定距离呈一列排布于神庙的檐口部位。在构成神殿的佛龛单元以及圣室上部的毗玛那微型亭上也装饰着这种达罗毗荼式的牛眼图案，不同时期的风格形成了形式多样的图案形式。早期达罗毗荼式牛眼图案的顶尖饰较高，图案外轮廓弧形曲线弯曲程度较大，且两边底部附有耳朵形的装饰，图案整体显得高长（图 4-23）。后期牛眼图案的顶尖饰高度降低，有些甚至无顶尖饰，外轮廓曲线逐渐变得平缓，形状几乎接近方形，而且图案两边的耳朵形装饰渐渐取消，图案整体显得低矮，但细部雕刻更加精致完美（图 4-24）。

1　［英］丹·克鲁克香克.弗莱彻建筑史 [M].郑时龄，支文军，卢永毅，等译.北京：知识产权出版社，2011.

2　Adam Hardy. The Temple Architecture of India[M]. England: John Wiley & Sons Ltd, 2008.

图 4-23　早期独立式牛眼图案

图 4-24　后期独立式牛眼图案

图 4-25　早期复合式牛眼图案

图 4-26　后期复合式牛眼图案

（2）复合式牛眼图案

复合式牛眼图案往往出现于遮卢亚式神庙，作为神庙建筑的装饰性元素而分布在神庙圣室上部的屋顶中部。早期的复合式牛眼图案形式相对简单，在一个完整的牛眼图案左右两端分别叠加一个半牛眼图案，形成一个互相套叠的组合图案，被称为陀兰那图形（图 4-25）。这种形式的牛眼图案在早期遮娄其时期的阿伦布尔神庙群以及帕塔达卡尔神庙群中可以看到。后期的复合式牛眼图案形式是对早期形式在垂直方向上的组合发展，即将一个牛眼图案套叠在另一个牛眼图案之上，依次类推。并且这些牛眼图案随着神庙屋顶每层塔拉的逐步向上递收，形成一个在水平方向逐层偏离同时在竖直方向上呈现出连续减小的立面处理形式（图 4-26）。

表 4-1　牛眼图案形式分类表

类型	时期	形式特征	图示	实例
独立式	早期	顶尖饰较高，外轮廓曲线弯曲程度明显，整体显得高长		帕塔达卡尔维鲁巴克沙神庙
	后期	顶尖饰较低，有些无顶尖饰，外轮廓曲线平缓，接近方形，整体显得低矮		贡伯格纳姆萨拉伽帕尼神庙
复合式	早期	一个完整的牛眼图案左右两端分别套叠一个半牛眼图案，这种形式被称为为陀兰那		帕塔达卡尔江普林加神庙（Jambulinga Temple）
	后期	多个牛眼图案层层套叠，形成在水平方向上逐渐偏离，在竖直方向上逐渐减小的里面处理形式	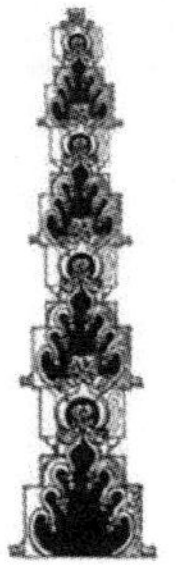	拉昆迪卡西维希希瓦拉神庙

小结

　　装饰艺术是南印度印度教神庙建筑不可或缺的一部分，装饰内容主要以印度教史诗中的神话故事、世俗间的王室与普通民众的生活以及一些植物花纹的图案为主题，其中神话故事是装饰主题最主要的来源，主要以《摩诃婆罗多》与《罗摩衍那》为题材，而世俗生活则展现了一些王室的生活、普通民众的节日活动以及战争等场景，植物图案尽管使用较少，但不同植物图案的组合在一定程度上丰富了装饰的题材。这些装饰常通过雕刻、壁画以及灰塑的方式呈现在神庙的每个角落，其中雕刻艺术是神庙建筑最主要的装饰工艺，无论是簇拥聚集的浅浮雕，还是描绘战士神灵、国王形象等的大型神像雕刻，都为南印度神庙建筑的装饰艺术带来了珍贵的财富。南印度朱罗时期的青铜雕像展示了当时高超的铜像制作技术，甚至对东南亚国家的艺术发展产生了重要的影响。此外，神庙建筑中装饰的纪念柱以及牛眼图案等元素有着南印度独特的风格，这些不同类型的纪念柱以及牛眼图案成为展示南印度神庙建筑装饰艺术的一大特征。

结　语

南印度是位于德干高原以南的地域，自古以来就是古老的达罗毗荼文化发展的中心。在北印度兴盛的伊斯兰文化并没有对此地产生过多的影响，仅仅在南印度北部与德干相邻的地区可以看到一些具有伊斯兰风情的建筑及艺术。整体而言，自古代延续下来的达罗毗荼文化在这里得到了较好的传承，体现出华丽细腻而又纯粹的印度文化特色。

南印度的历史发展经历了较为独立的模式，它并没有形成一个统一的政权，往往表现为几个主要王国占主导地位，一些地方小国并存的政治局面。这些主要的王国与地方小国之间既有战争，又存在文化、思想等方面的交流。作为印度主流宗教的印度教在南印度经历了声势浩大的改革浪潮，在教义等方面均有所改革，形成了更具活力的印度教文化，并且在北印度为伊斯兰统治时期，南印度成为印度教文化最坚固的堡垒。

印度教神庙建筑是南印度宗教建筑中最重要的组成部分，其数量与分布，以至于对印度宗教建筑所产生的影响，都远远超过了佛教与耆那教建筑。其兴建始于公元6世纪，当时这里的建筑师与工匠模仿早期的佛教石窟或是砖砌神庙的形制，但很快就形成了南印度特有的神庙建筑风格。尽管南印度石窟对于印度中部的阿旃陀、埃洛拉等地的石窟望尘莫及，但它那高耸雄伟的达罗毗荼式神庙、精雕细致的遮卢亚式神庙，抑或是威严而又优雅的喀拉拉式神庙，无不展示了南印度印度教神庙的建筑与艺术成就。这些不同类型的神庙建筑尽管有其各自的特点，但在其设计中都体现着相同的宗教理念，是对印度教义理的深刻阐释。

同大多数建筑相似，装饰艺术似乎是任何一座宗教建筑至关重要的组成部分。在印度教神庙中，建筑装饰几乎成为建筑师与工匠极尽追求之处，是展现其技艺与才能的最佳方式。从早期的简易风格到中期生动奔放的巴洛克风格，再至后期繁复细腻的洛可可风格，南印度印度教神庙建筑装饰艺术的发展经历了一个漫长的过程。

本书对于南印度印度教神庙建筑的研究主要集中于建筑的发展、类型及其特征，设计中的分析以及装饰艺术几个方面，并且结合实例进行详细的阐述与论证，希望可以为我国国内南印度印度教神庙建筑的研究提供参考。

中英文对照

地理位置名词

艾霍莱：Aihole

阿拉普扎：Alappuzha

阿伦布尔：Alampur

阿马拉瓦蒂：Amaravati

安得拉邦：Andhra Pradesh

贝鲁尔：Belur

派拉瓦贡达：Bhairavakona

比达尔：Bidar

科林摩角：Cape Comorin

昌得拉吉里山：Chandragiri Hill

吉登伯勒姆：Chidambaram

达拉苏拉姆：Darasuram

道拉塔巴德：Daulatabad

德干高原：Deccan Plateau

德伐拉萨姆达：Dwarasamudra，现名霍莱比德：Halebidu

东高止山脉：Eastern Ghats

埃洛拉：Elura

冈戈昆达布勒姆：Gangaikondacholapuram

京吉：Gingee

戈达瓦里河：Godavari River

古尔伯加：Gulbaga

赫讷姆贡达：Hanumakonda

汉桑：Hassan

哈韦里：Haveri

伊泰崎：Ittagi

卡达姆巴：Kadamba

卡利亚尼：Kalyani

甘吉布勒姆：Kanchipuram

卡纳塔克邦：Karnataka

盖韦里河：Kaveri River

卡韦尔：Kaviyur

喀拉拉邦：Kerala

科兰姆：Kollam

克里希那河：Krishna River

贡伯格纳姆：Kumbakonam

拉昆迪：Lakkundi

拉克沙群岛：Lakshadweep

力帕西：Lepakshi

马德拉斯：Madras，现名京奈 Chennai

马杜赖：Madurai

默哈伯利布勒姆：Mahabalipuram

马尼马拉河：Manimala River

马拉特瓦达：Marathwada

穆达彼德瑞：Mudabidri

姆兹利斯：Muziris

纳加尔朱纳康达：Nagarjunakonda

纳加帕蒂南：Nagapattinam

纳尔马达河：Narmada River

奥鲁加卢：Orugallu，现名瓦朗加尔：Warangal

帕拉姆佩特：Palampet

帕塔达卡尔：Pattadakal

帕鲁瓦纳姆：Peruvanam

本地治里：Puducherry

拉梅斯沃勒姆：Rameswaram

萨特普拉山脉：Satpura

斯拉瓦纳贝拉戈拉：Shravanabelgola

索姆纳特布尔：Somanathapura

斯里兰格姆：Srirangam

斯里赛拉姆：Srisailam

桑钦达拉姆：Sucheendram

塔德帕特里：Tadpatri

泰米尔纳德邦：Tamil Nadu

坦贾武尔：Tanjore

达布蒂河：Tapti River

特仑甘纳邦：Telangana

蒂鲁瓦莱：Thiruvalla

特里苏尔：Thrissur

蒂鲁内尔维利：Tirunelveli

特里凡得琅：Trivandrum

栋格珀德拉河：Tungabhadra River

韦拉伊河：Vaigai River

瓦伊科姆：Vaikom

瓦达比：Vatapi，现名巴达米：Badami

韦洛尔：Vellore

文耆：Vengi

温迪亚山脉：Vindhya

西高止山脉：Western Ghats

主要种族名称

雅利安人：Aryan

达罗毗荼人：Dravidian

卡拉波拉人：Kalabhras

吉罗多人：Kirata

王朝名称

巴马尼苏丹国：Bhamani

哲罗王朝：Chera Dynasty

朱罗王朝：Chola Dynasty

早期遮娄其王朝：Early Chalukya Dynasty

东遮娄其王朝：Eastern Chalukya Dynasty

霍伊萨拉王朝：Hoysala Dynasty

伊克什瓦库王朝：Ikshvaku Dynasty

卡达姆巴王朝：Kadamba Dynasty

卡卡提亚王朝：Kakatiya Dynasty

卡拉楚利：Kalachuri

后期遮娄其王朝：Late Chalukya Dynasty

孔雀王朝：Maurya Dynasty

纳亚卡王朝：Nayaka Dynasty

潘迪亚王朝：Pandya Dynasty

拉什特拉库塔王朝：Rashtrakuta Dynasty

萨塔瓦哈那王朝：Satavahana Dynasty

巽加王朝：Shaka Dynasty

维查耶纳伽尔王朝：Vijayanagara Dynasty

西恒伽王朝：Western Ganga Dynasty

宗教名词

婆罗门教：Brahmanism

佛教：Buddhism

基督教：Christianity

印度教：Hinduism

伊斯兰教：Islam

耆那教：Jainism

吠陀教：Vedic

神灵名称

阿南塔（蛇神）：Ananta

梵天：Brahma

方位守护神：Dikpala

杜尔伽女神：Durga

加纳：Gana

伽内什（象神）：Ganesha

伽鲁达（金翅鸟）：Garuda

哈奴曼（神猴）：Hanuman

佳纳尔丹：Janardana

卡尔提凯亚战神：Karttikeya

黑天（毗湿奴化身）：Krishna

迦利：Kali

俱吠罗：Kubera

鸠摩罗：Kumara

拉克希米：Lakshmi

林伽：Lingam

南迪（公牛）：Nandi

帕拉瓦蒂：Parvati

罗摩：Rama

沙罗班吉卡：Salabhanjika

赛沙（蛇神）：Sesha

湿婆：Shiva

萨达尔萨那：Sudarsana

苏利耶（太阳神）：Surya

瓦拉哈（毗湿奴化身）：Varaha

毗湿奴：Vishnu

雅利：Yali

阎摩：Yamq

人物名称

阿拉－乌德－丁：Ala-ud-din

阿巴尔：Appar

阿丘塔·提婆拉亚：Achyuta Deva Raya

巴萨瓦：Basava

贝塔二世：Beta II

婆达罗巴忽：Bhadrabahu

比提伽：Bittideva

布卡：Bukka

查鲁姆赛维：Cherumthevi

提婆拉亚二世：Devaraya II

乔达摩·悉达多：Gautama Siddhartha

冈迪亚：Gunda

冈迪亚一世：Gunda I

哈利哈拉：Harihara

查太伐摩·孙达罗：Jatavarman Sundara

卡尔卡二世：Karkka II

克达拉伽：Kedaraja

克里希那提婆·拉亚：Krishnadeva Raya

罗卡玛哈德维王后：Lokamahadevi

摩陀伐：Madhva

马赫多拉瓦尔曼一世：Mahendravarman I

马利克·卡福尔：Malik Kafur

默利萨玛：Mallithamma

马卡蒂亚：Markandera

穆罕默德·宾·图格鲁克：Muhammad bin Tughluq

那罗辛哈瓦尔曼一世：Narasimhavarman I

奥朗则布：Orandze Bbu

补罗稽舍一世：Pulakeshi I

库特布·沙希：Qutb Shahi

罗阇罗阇一世：Rajaraja I

拉金德拉一世：Rajendra I

罗摩奴阇：Ramanuja

鲁德拉德瓦：Rudradeva

商羯罗：Sankara

萨塔卡尼一世：Satakarni I

辛哈毗湿奴：Simhavishnu

斯坎达瓦尔曼：Skandavarma

索姆那萨：Somanatha

孙达拉·潘迪亚一世：Sundara Pandya I

泰拉二世：Taila II

筏驮摩那：Vardhamana，又名大雄：Mahavira

瓦斯什西普特拉：Vasishthiputra

普舍密多罗：Vasumitra

维杰耶拉亚：Vijayalaya

维卡马蒂亚一世：Vikramaditya I

维克拉姆蒂亚二世：Vikramaditya II

毗奈耶阿迭多一世：Vinayaditya I

毗湿奴筏驮那：Vishnuvardhana

扎法尔·汗：Zafar Khan

语言名称

卡纳达语：Kannada

马拉雅拉姆语：Malayalam

泰米尔语：Tamil

泰卢固语：Telugu

图鲁语：Tulu

建筑专业名词

佛龛：Aedicule

瞿布罗：Gopura，又名门塔：Gate-tower

库萨巴拉姆：Koothambalam

那拉巴拉姆：Nalambalam

那玛斯卡拉曼达坡：Namaskara Mandapa

拉塔：Ratha

苏卡纳萨：Shukanasa

毗玛那：Vimana

神庙名称

阿加提斯瓦拉神庙：Agastishvara Temple

阿伊拉瓦提休巴拉神庙：Airavateswar Temple

阿拉伽科维尔神庙：Alagarkovil Temple

阿扎·湿婆拉雅神庙：Azar Shivalaya Temple

布塔纳萨神庙：Bhutanatha Temple

布里哈迪斯瓦拉神庙：Brihadishwara Temple

查蒙达拉亚神庙：Chamundaraya Temple

昌得拉纳萨神庙：Chandranatha Temple

杰纳卡沙瓦神庙：Chennakeshava Temple

杜尔迦神庙：Durga Temple

五车神庙：Five Rathas

高达尔神庙：Gaudar Temple

霍伊萨拉斯瓦拉神庙：Hoysalesvara Temple

金布凯希瓦拉神庙：Jambukesvara Temple

加拉坎特斯瓦拉神庙：Jalakanteshwara Temple

江普林加神庙：Jambulinga Temple

凯拉萨纳塔神庙：Kailasanatha Temple

卡西维希维希瓦拉神庙：Kashivishveshvara Temple

凯斯维斯瓦纳萨神庙：Kashi Visvanatha Temple

卡韦尔湿婆石窟神庙：Kaviyur Siva Cave

盖沙瓦神庙：Keshava Temple

拉德坎神庙：Lad Khan Temple

力帕克西神庙：Lepakshi Temple

低处湿婆拉雅神庙：Lower Shivalaya Temple

摩诃提婆神庙：Mahadeva Temple

摩希沙石窟神庙：Mahishamardini Cave

马莱吉蒂·湿婆拉雅神庙：Mallegitti Shivalaya Temple

马里卡玖那神庙：Mallikarjuna Temple

米娜克希神庙：Minakshi Temple

穆昆达那亚纳神庙：Mukunda Nayanar Temple

歌舞欢神神庙：Nataraja Temple

伯德默纳珀斯瓦米神庙：Padmanabhaswamy Temple

般度五子石窟神庙：Pancha Pandavas Cave

帕帕纳萨神庙：Papanatha Temple

拉玛纳萨神庙综合体：Ramanatha Complex Temple

罗摩神庙：Rama Temple

罗摩林伽斯瓦拉神庙：Ramalingeshvara Temple

罗摩帕神庙：Ramappa Temple

拉梅斯瓦米神庙：Ramaswamy Temple

拉瓦拉法蒂石窟：Ravana Phadi Cave

萨拉伽帕尼神庙：Sarangapani Temple

海岸神庙：Shore Temple

斯里·兰格纳塔斯瓦米神庙：Sri Ranganathaswamy Temple

瓦拉巴神庙：Sri Vallaba Temple

斯瓦尔伽梵天神庙：Svarga Brahma Temple

千柱庙：Thousand-Pillared Temple

瓦达坤纳萨神庙：Vadakkunnathan Temple

瓦卡萨帕神庙：Vaikkathappan temple

维拉巴德纳神庙：Virabhadra Temple

维鲁巴克沙神庙：Virupaksha Temple

维塔拉神庙：Vittala Temple

图片索引

Chennakesava_Temple#mediaviewer/File:Decorated_Pillars_in_Chennakeshava_Temple_at_Belur.jpg

图 2-76　神庙门廊前端的微型模型，图片来源：http://en.wikipedia.org/wiki/Chennakesa va_Temple#/media/File:Bhumija_towers_on_minor_shrines_in_Chennakeshava_Temple_at_Belur.jpg

图 2-77　石柱上部人像托架，图片来源：http://en.wikipedia.org/wiki/Chennakesava_Tem ple#/media/File:Shilabaalika_on_pillar_bracket_in_Chennakeshava_Temple_at_Belur3.jpg

图 2-78　霍伊萨拉斯瓦拉神庙平面，图片来源：《The Art of Ancient India》

图 2-79　霍伊萨拉斯瓦拉神庙入口，图片来源：http://en.wikipedia.org/wiki/Hoysaleswar a_Temple#/media/File:An_entrance_into_the_Hoysaleshwara_temple_in_Halebidu.jpg

图 2-80　霍伊萨拉斯瓦拉神庙底座，图片来源：http://en.wikipedia.org/wiki/Hoysaleswar a_Temple#/media/File:Ornate_wall_panel_relief_and_molding_frieze_in_Hoysaleshwara_temple,_ Halebidu.jpg

图 2-81　盖沙瓦神庙平面，图片来源：《The Art of Ancient India》

图 2-82　盖沙瓦神庙，图片来源：孙晨蕾摄

图 2-83　南侧圣室克里希那神像，图片来源：孙晨蕾摄

图 2-84　盖沙瓦神庙底座雕刻，图片来源：孙晨蕾摄

图 2-85　盖沙瓦神庙圣室，图片来源：汪永平摄

图 2-86　千柱庙，图片来源：《The Art of Ancient India》

图 2-87　罗摩帕神庙，图片来源：http://en.wikipedia.org/wiki/File:Ramappa_Temple_ Warangal.jpg

图 2-88　石柱上部的人像托架，图片来源：《The Temple Architecture of India》

图 2-89　卡韦尔石窟神庙平面，图片来源：《An Architectural Survey of Temples of Kerala》

图 2-90　卡韦尔石窟神庙，图片来源：汪永平摄

图 2-91　湿婆神庙，图片来源：http://en.wikipedia.org/wiki/Peruvanam_Mahadeva_Temple #mediaviewer/File:PeruvanamTemple001.JPG

图 2-92　摩诃提婆神庙入口山门，图片来源：孙晨蕾摄

图 2-93　摩诃提婆神庙内部，图片来源：孙晨蕾摄

图 2-94　帕蒂科柱厅顶部天花木雕，图片来源：汪永平摄

图 2-95　瓦拉巴神庙毗湿奴旗杆柱及亭阁，图片来源：孙晨蕾摄

图 2-96　瓦拉巴神庙内部区域主入口，图片来源：孙晨蕾摄

第三章　南印度印度教神庙建筑设计分析

参考文献

中文专著

[1] 王镛. 印度美术 [M]. 北京：中国人民大学出版社，2010.

[2] 邱永辉. 印度教概论 [M]. 北京：社会科学文献出版社，2012.

[3] 朱明忠. 印度教 [M]. 福州：福建教育出版社，2013.

[4] 大唐西域记 [M]. 董志翘，译注. 北京：中华书局，2012.

[5] 谢小英. 神灵的故事——东南亚宗教建筑 [M]. 南京：东南大学出版社，2008.

[6] 王贵祥. 东西方的建筑空间：传统中国与中世纪西方建筑的文化阐释 [M]. 天津：百花文艺出版社，2006.

外文专著

[1] James Fergusson.History of India and Eastern Achitecture[M].London: Munshiram Manoharlal Publishers Pv，1992.

[2] I K Sarma.Temples of Gangas of Karnataka[M].New Dehli:Archaeological Survey of India，1992.

[3] Geogre Michell. Architecture and Art of Southern India[M]. London：Cambridge University Press,1995.

[4] Krishna Deva. Temples of India[M]. New Dehli: Aryan Books International，2000.

[5] James Fergusson，James Burgess. The Cave Temples of India[M]. London：Cambridge University Press，1880.

[6] C Sivaramamurti.World Heritage Series：The Great Chola Temples[M]. New Delhi：The Director General Archaeological Survey of India, 2007.

[7] M S Krishna Murthy, R Gopal. Hampi, the Splender That Was [M]. Mysore：Directorate of Archaeology and Museums，2009.

[8] S Suresh Kumar.Vellore Fort and the Temple through the Ages[M]. Vellore: Sthabanam，2006.

[9] T G S Balaram Iyer. History and Description of Sri Minaksh Temple and 64 Miracles of Lord Shiva[M]. Madurai：Sri Karthik Agency.

[10] Surendra Sahai.Temples of South India[M]. New Delhi：Prakash Book India Pvt Ltd，

2010.

[11] Adam Hardy. The Temple Architecture of India[M]. England: John Wiley & Sons Ltd, 2008.

[12] A Sundara. World Heritage Series Pattadakal[M]. New Delhi：The Director General Archaeological Surcey of India，2008.

[13] R Narasimhachar. The Kesava Temple at Somanathapur[M].Mydore：Archaeological Department，1977.

[14] H Sarkar.An Architectural Survey of Temples of Kerala[M].New Delhi：Director General, Archaeological Survey of India，1978.

[15] Susan L Huntington. The Art of Ancient India[M]. Delhi：Motilal Banarsidass，2014.

[16] Srinivaas, J Prabhakar. Mahabalipuram—A Journey through a Magical Land[M]. Chennai：Thanga Thamarai Pathippagam，2014.

外文译著：

[1][德] 赫尔曼·库尔克，迪特马尔·罗特蒙特 . 印度史 [M]. 王立新，周红江，译 . 北京：中国青年出版社，2008.

[2][印度] 恩·克·辛哈，阿·克·班纳吉 . 印度通史 [M]. 张若达，冯金辛，等译 . 北京：商务印书馆，1973.

[3][日] 布野修司 . 亚洲城市建筑史 [M]. 北京：中国建筑工业出版社，2010.

[4][美] 罗伊·C 克雷文 . 印度艺术简史 [M]. 王镛，方广羊，陈聿东，等译 . 北京：中国人民大学出版社，2003.

[5][意] 玛瑞里娅·阿巴尼斯 . 古印度——从起源至 13 世纪 [M]. 刘青，张洁，陈西帆，等译 . 北京：中国水利水电出版社，2005.

[6] [日] 日本大宝石出版社 . 走遍全球：印度 [M]. 赵婧然，译 . 北京：中国旅游出版社，2006.

[7][英] 丹·克鲁克香克 . 弗莱彻建筑史 [M]. 郑时龄，支文军，卢永毅，等译 . 北京：知识产权出版社，2011.

学位论文与期刊

[1] 朱明忠 . 印度教与佛教问题 [J]. 南亚研究 .1991(01)：34–41.

[2] 孙卫峰. 论印度教的流变及其内涵 [J]. 北方文学，2009（03）：36-38.

[3] 象本. 略述印度佛教自原始佛教至大乘佛教的发展 [J]. 佛学研究，2008（17）：324-329.

[4] 单军. 新天竺取经——印度古代建筑的理念与形式 [J]. 世界建筑 .1999（08）：20-27.

[5] 扎曲. 论佛教与印度教中的"曼荼罗"文化 [J]. 西藏研究，2012(05)：38-45.

[6] 沈亚军. 印度教神庙建筑研究 [D]. 南京：南京工业大学，2013.

附录　南印度印度教神庙建筑一览表

建筑类型与时期		序号	名称	地点	建造年代
石窟	早期	1	拉瓦拉法蒂石窟 Ravana Phadi Cave	艾霍莱	公元 6 世纪
	后期	2	巴达米石窟神庙 Badami Cave	巴达米	公元 6—7 世纪
		3	石窟群 Cave Temples	派拉瓦贡达	公元 7—8 世纪
		4	摩希沙石窟神庙 Mahishamardini Cave	默哈伯利布勒姆	公元 7 世纪
		5	般度五子石窟神庙 Pancha Pandavas cave	默哈伯利布勒姆	公元 7 世纪
		6	卡韦尔湿婆石窟神庙 Kaviyur Siva Cave	阿拉普扎	公元 8 世纪
达罗毗荼式神庙	帕拉瓦王朝时期	7	穆昆达那亚纳神庙 Mukunda Nayanar Temple	默哈伯利布勒姆	公元 6 世纪
		8	五车神庙 Five Rathas	默哈伯利布勒姆	公元 7 世纪
		9	低处湿婆拉雅神庙 Lower Shivalaya Temple	巴达米	公元 7 世纪
		10	马莱吉蒂·湿婆拉雅神庙 Mallegitti Shivalaya Temple	巴达米	公元 7 世纪
		11	阿扎·湿婆拉雅神庙 Azar Shivalaya Temple	巴达米	公元 7 世纪
		12	布塔纳萨神庙 Bhutanatha Temple	巴达米	公元 7 世纪，11 世纪时期加建
		13	海岸神庙 Shore Temple	默哈伯利布勒姆	公元 8 世纪
		14	凯拉萨纳塔神庙 Kailasanatha Temple	甘吉布勒姆	公元 8 世纪上半叶
	朱罗王朝时期	15	布里哈迪斯瓦拉神庙 Brihadishwara Temple	坦贾武尔	1000 年
		16	布里哈迪斯瓦拉神庙 Brihadishwara Temple	冈戈昆达布勒姆	1025 年
		17	阿伊拉瓦提休巴拉神庙 Airavateswar Temple	达拉苏拉姆	公元 12 世纪中叶
	潘迪亚王朝时期	18	歌舞欢神神庙 Nataraja Temple	吉登伯勒姆	公元 9—13 世纪
		19	金布凯希瓦拉神庙 Jambukesvara Temple	斯里兰格姆	公元 13—17 世纪
		20	拉玛纳萨神庙综合体 Ramanatha Complex Temple	拉梅斯沃勒姆	公元 16—17 世纪
		21	阿拉伽科维尔神庙群 Alagarkovil Temple	马杜赖	不详

建筑类型与时期		序号	名称	地点	建造年代
达罗毗荼式神庙	维查耶纳伽尔王朝时期	22	马里卡玖那神庙群 Mallikarjuna Temple	斯里赛拉姆	公元 14—16 世纪
		23	维鲁巴克沙神庙 Virupaksha Temple	亨比	公元 14—17 世纪
		24	罗摩神庙 Rama Temple	亨比	公元 15 世纪
		25	维塔拉神庙 Vittala Temple	亨比	公元 15—16 世纪
		26	罗摩林伽斯瓦拉神庙 Ramalingeshvara Temple	塔德帕特里	公元 16 世纪
		27	维拉巴德纳神庙 Virabhadra Temple	力帕西	公元 16 世纪
	纳亚卡王朝时期	28	斯里·兰格纳塔斯瓦米神庙 Sri Ranganathaswamy Temple	斯里兰格姆	公元 13—17 世纪
		29	萨拉伽帕尼神庙 Sarangapani Temple	贡伯格纳姆	公元 13—17 世纪
		30	加拉坎特斯瓦拉神庙 Jalakanteshwara Temple	韦洛尔	公元 14—17 世纪
		31	米娜克希神庙 Minakshi Temple	马杜赖	公元 7—17 世纪
		32	拉梅斯瓦米神庙 Ramaswamy Temple	贡伯格纳姆	公元 16—17 世纪
遮卢亚式神庙	早期遮娄其王朝时期	33	高达尔神庙 Gaudar Temple	艾霍莱	公元 5 世纪上半叶
		34	拉德坎神庙 Lad Khan Temple	艾霍莱	公元约 425—450 年
		35	杜尔迦神庙 Durga Temple	艾霍莱	550 年
		36	维鲁巴克沙神庙 Virupaksha Temple	帕塔达卡尔	745 年
		37	马里卡玖那神庙 Mallikarjuna Temple	帕塔达卡尔	745 年
		38	帕帕纳萨神庙 Papanatha Temple	帕塔达卡尔	公元 8 世纪
	后期遮娄其王朝时期	39	悉达哈拉梅斯瓦拉神庙 Siddharameshvara Temple	哈韦里	公元 11 世纪
		40	卡西维希维希瓦拉神庙 Kashivishveshvara Temple	拉昆迪	公元 12 世纪
		41	摩诃提婆神庙 Mahadeva Temple	伊泰崎	公元 12 世纪
	霍伊萨拉王朝时期	42	杰纳卡沙瓦神庙 Chennakeshava Temple	贝鲁尔	始建于 1117 年， 1397 年重建
		43	霍伊萨拉斯瓦拉神庙 Hoysalesvara Temple	霍莱比德	1127 年
		44	千柱庙 Thousand-Pillared Temple	赫讷姆贡达	公元 12 世纪
		45	盖沙瓦神庙 Keshava Temple	索姆纳特布尔	1268 年
		46	罗摩帕神庙 Ramappa Temple	帕拉姆佩特	公元 13 世纪上半叶

南印度印度教神庙建筑

建筑类型与时期		序号	名称	地点	建造年代
喀拉拉式神庙	10—13世纪	47	湿婆神庙 Shiva Temple	帕鲁瓦纳姆	公元12世纪
	13世纪以后	48	瓦拉巴神庙 Sri Vallaba Temple	蒂鲁瓦莱	公元13世纪
		49	摩诃提婆神庙 Mahadeva Temple	卡韦尔	始建于公元10世纪，公元17世纪修建
		50	瓦达坤纳萨神庙 Vadakkunnathan Temple	特里苏尔	公元11—19世纪
		51	帕德默纳珀斯瓦米神庙 Padmanabhaswamy Temple	特里凡得琅	1729年
		52	瓦卡萨帕神庙 Vaikkathappan Temple	瓦伊科姆	不详
那迦罗式神庙		53	斯瓦尔伽梵天神庙 Svarga Brahma Temple	阿伦布尔	公元689年
		54	凯斯维斯瓦纳萨神庙 Kashi Visvanatha Temple	帕塔达卡尔	公元8世纪

图书在版编目（CIP）数据

南印度印度教神庙建筑 / 汪永平，孙晨蕾著 . -- 南京：
东南大学出版社，2017.5
（喜马拉雅城市与建筑文化遗产丛书 / 汪永平主编）
ISBN 978-7-5641-6700-4

Ⅰ . ①南… Ⅱ . ①汪… ②孙… Ⅲ . ①印度教-寺庙
-宗教建筑-建筑艺术-印度 Ⅳ . ① TU-098.3

中国版本图书馆 CIP 数据核字（2016）第 197494 号

书　　　名：南印度印度教神庙建筑
责任编辑：戴　丽　魏晓平
装帧方案：王少陵
责任印制：周荣虎
出版发行：东南大学出版社
社　　　址：南京市四牌楼 2 号
邮　　　编：210096
出 版 人：江建中
网　　　址：http://www.seupress.com
电子邮箱：press@seupress.com
印　　　刷：深圳市精彩印联合印务有限公司
经　　　销：全国各地新华书店
开　　　本：700mm×1000mm　　1/16
印　　　张：12
字　　　数：222 千字
版　　　次：2017 年 5 月第 1 版
印　　　次：2017 年 9 月第 2 次印刷
书　　　号：ISBN 978-7-5641-6700-4
定　　　价：69.00 元